D1088758

Mon encyclopédie des sciences

Un livre Dorling Kindersley
www.dk.com

édition originale parue sous le titre
DK First Reference: Science Encyclopedia

Pour l'édition originale

Responsables éditoriaux Bridget Giles et Mary Ling
Édition Carrie Love, Caroline Stamps et Ben Morgan
Iconographe Liz Moore

Pour l'édition française

Responsable éditorial Thomas Dartige
Édition Anne-Flore Durand
Adaptation et réalisation
Agence Juliette Blanchot, Paris
Correction Sylvie Gauthier
Relecture scientifique Brigitte Dutrieux
Couverture Christine Régnier
Site internet associé Bénédicte Nambotin, Françoise Favez et Éric Duport

5757, RUE CYPIHOT
SAINT-LAURENT (QUÉBEC)
H4S 1R3

www.erpi.com/documentaire

Dépôt légal – Bibliothèque et Archives nationales du Québec, 2009
Dépôt légal – Bibliothèque et Archives Canada, 2009

ISBN: 978-2-7613-3079-4 K30794

Imprimé en Chine
Édition vendue exclusivement au Canada

Sommaire

La science, c'est quoi ?

Les sciences de la vie

Au pied de chaque page, une question est posée…

Un livre à découvrir

Les pages de ce livre ont été conçues pour permettre un accès facile à une information très riche et pour donner au jeune lecteur l'envie d'exercer sa curiosité.

Un jeu pour exercer son attention : il va falloir scruter les pages attentivement !

Des renvois à d'autres pages du livre permettent de compléter sa connaissance sur un sujet.

Le code couleur de chaque chapitre facilite la consultation.

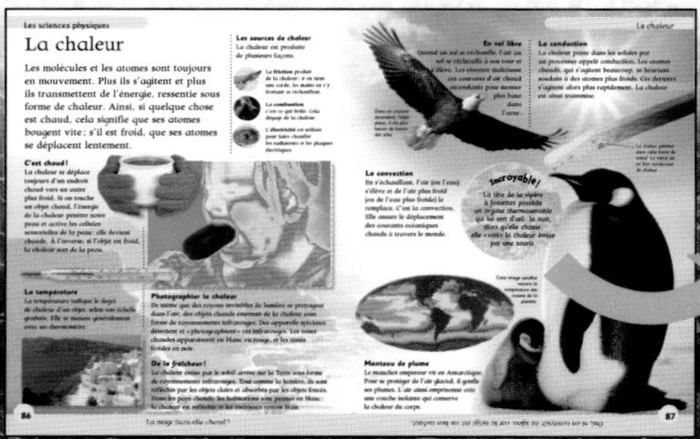

Des informations complémentaires et des expériences sont mises en valeur en encadré.

... et la réponse est ici.

La science, c'est quoi ?

La science recherche, vérifie et établit les connaissances qui permettent de comprendre la vie, l'Univers et tout ce qui nous entoure. Pour mieux étudier notre vaste monde, les scientifiques ont séparé chaque domaine de connaissance en discipline scientifique.

Des atomes à l'espace

Les scientifiques s'intéressent autant aux minuscules atomes qui composent notre monde qu'aux mystères de l'Univers.

Tout est fait d'atomes microscopiques.

Les sciences de la vie

Comment les organismes vivants, bactéries microscopiques, plantes et animaux naissent et grandissent ? Où habitent-ils, que mangent-ils et comment fonctionne leur corps ? Les sciences de la vie cherchent à répondre à ces questions.

L'étude des plantes s'appelle la botanique.

Les sciences physiques

Les sciences physiques étudient l'énergie, comme celle de la lumière, de la chaleur et du son, et les forces qui maintiennent tout en place dans l'Univers. Ainsi sans la pesanteur, c'est-à-dire la force d'attraction qui s'exerce sur la Terre, on flotterait dans l'espace.

Nous avons appris à maîtriser l'énergie et à la distribuer là où nous voulons.

La planète Terre

Les sciences de la vie étudient la vie sur Terre.

Comment s'appelle la science qui étudie des animaux ?

Les sciences de la Terre et de l'Univers

La Terre est un tout petit point lumineux perdu parmi les planètes, lunes, étoiles et galaxies qui peuplent l'immense Univers. Elle serait la seule planète à abriter la vie. Les sciences de la Terre et de l'Univers étudient entre autres les caractéristiques physiques de la Terre et sa place dans l'Univers.

La science qui étudie les volcans s'appelle la volcanologie.

La science des matériaux

L'Univers est fait de matières variées, toutes composées d'atomes et d'éléments, de molécules, de mélanges et de composants. La science des matériaux étudie toutes ces matières, comment elles se transforment et réagissent, ce qui permet souvent d'en créer de nouvelles.

Certains scientifiques étudient la transformation des matériaux.

Les images de la Terre prises depuis l'espace permettent de mieux comprendre notre planète.

En avant !

Les hommes ont toujours rêvé de progrès, ce qui les a poussés vers des découvertes scientifiques. L'invention de la roue ou l'envoi de la première fusée dans l'espace sont de grands pas en avant qui ont changé la vie quotidienne et le rapport au monde.

La zoologie.

Les progrès scientifiques

La science commence avec des questions. Les plus grands savants ont d'abord été des penseurs qui cherchaient à améliorer le quotidien ou à résoudre les énigmes du monde. Cela a engendré bien des inventions et des découvertes.

Newton aurait découvert la gravité grâce à une pomme.

Newton comprit que la lumière blanche est composée de sept couleurs.

Gutenberg (1400-1468)
L'Allemand Gutenberg a inventé l'imprimerie. Sa presse à imprimer, fonctionnant avec des caractères mobiles en plomb, était plus rapide, précise et solide que l'impression à partir de blocs de bois sculptés.

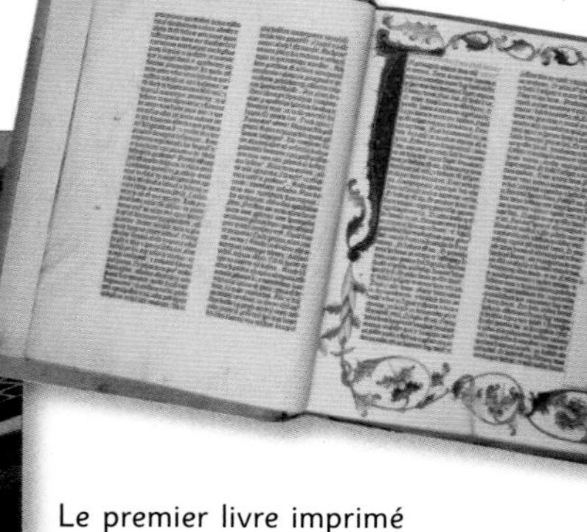

Le premier livre imprimé est la Bible de Gutenberg (1455).

Isaac Newton (1642-1727)
Le Britannique Newton découvrit que la lumière blanche du soleil est composée des sept couleurs de l'arc-en-ciel. Il fut aussi le premier à concevoir qu'une force, aujourd'hui appelée gravité, permet aux planètes de rester en orbite autour du Soleil.

1400 — 1500 — 1600

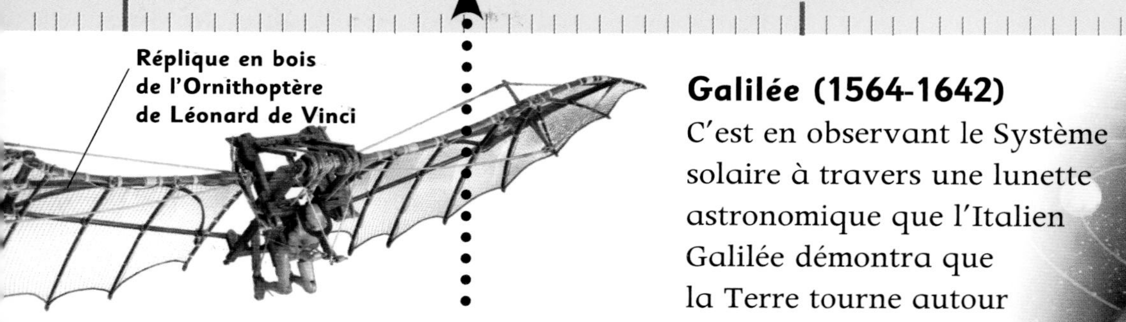

Réplique en bois de l'Ornithoptère de Léonard de Vinci

Léonard de Vinci (1452-1519)
Peintre et inventeur italien, Léonard de Vinci dessina des hélicoptères, des aéroplanes et des parachutes. Mais la technologie de son temps ne permit pas de les faire fonctionner.

Galilée (1564-1642)
C'est en observant le Système solaire à travers une lunette astronomique que l'Italien Galilée démontra que la Terre tourne autour du Soleil, alors que, à l'époque, on croyait que la Terre était au centre du monde.

Réplique d'une lunette astronomique du XVIIe siècle

Qui inventa la lunette à double foyer ?

Benjamin Franklin étudia la foudre et l'électricité à l'aide d'un cerf-volant métallique.

Incroyable!

Il y a plus de 2000 ans, le penseur grec Aristote recommandait déjà d'observer la nature et de faire des expériences.

Benjamin Franklin (1706-1790)

Au XVIIIe siècle, le savant américain Benjamin Franklin fut l'un des pionniers en matière d'électricité.

Franklin, en plein orage. Au péril de sa vie!

Louis Pasteur (1822-1895)

Ce biologiste français est l'inventeur de la pasteurisation (la destruction par la chaleur des bactéries contenues dans des aliments). Il découvrit aussi que les microbes sont responsables de maladies et instaura des mesures d'hygiène dans les hôpitaux pour éviter leur propagation.

Les inventions

Voici quelques-unes des principales découvertes et inventions qui ont joué un grand rôle dans l'histoire.

La **roue** (3500 av. J.-C.)
La plus vieille roue vient de Mésopotamie (actuel Iraq).

Le **papier** (50 av. J.-C.)
Inventé en Chine, il resta longtemps un secret bien gardé.

La **boussole** (1190)
Les Chinois furent les premiers à l'utiliser.

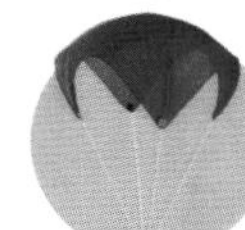

Le **parachute** (1783)
Le premier vol eut lieu des siècles après les dessins de Léonard de Vinci.

Le **train à vapeur** (1804)
En 1829, une locomotive atteignit 48 km/h!

La **photo en couleurs** (1861)
On la doit au physicien James Clerk Maxwell.

1700

1800

William Herschel (1738-1822)

Cet astronome britannique identifia la planète Uranus. Il découvrit les effets du rayonnement infrarouge, une technologie utilisée aujourd'hui dans les communications sans fil, la vision de nuit, les prévisions météorologiques et l'astronomie.

Wilhelm Conrad Röntgen (1845-1923)

En 1895, l'Allemand Röntgen découvrit les rayonnements électromagnétiques, ou rayons X. Sa découverte lui valut le tout premier prix Nobel de physique, en 1901.

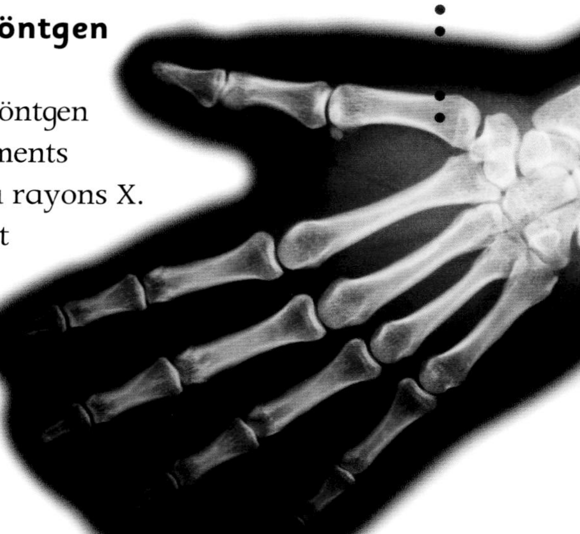

Sur une radiographie, on voit les os grâce aux rayons X.

Le projecteur de cinéma apparut rapidement après les travaux d'Edison.

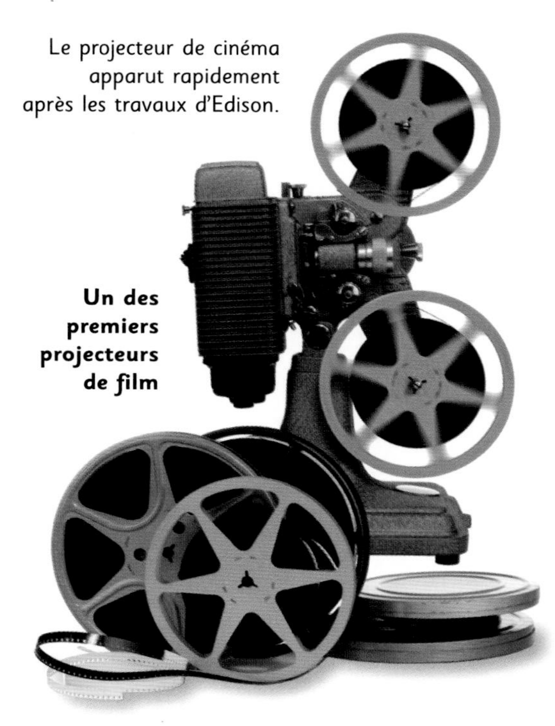

Un des premiers projecteurs de film

Karl Landsteiner (1868-1943)

En 1900, Landsteiner, un médecin américain d'origine autrichienne, classa le sang humain en quatre grands groupes, A, B, AB et O, une classification toujours utilisée.

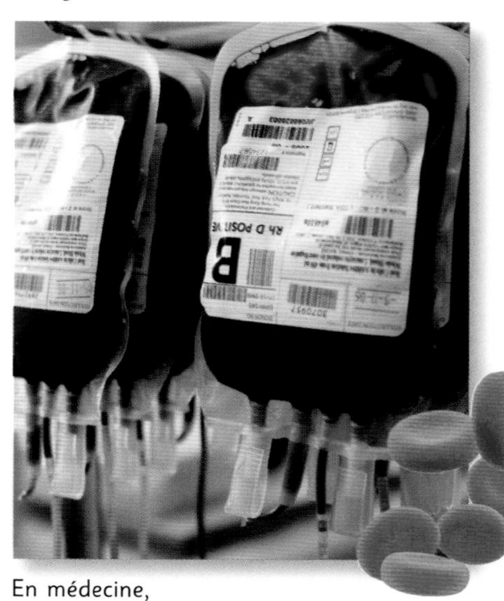

En médecine, la transfusion sanguine a un rôle vital.

Le jus d'orange est une source de vitamine C.

Albert Szent-Györgyi (1893-1986)

Ce biochimiste d'origine hongroise a obtenu le prix Nobel de médecine en 1937 pour sa découverte de la vitamine C.

Thomas Edison (1847-1931)

L'ampoule électrique, la pile alcaline, l'ancêtre du projecteur de cinéma… on doit plus de 1 000 inventions à l'Américain Thomas Alva Edison.

Le groupe sanguin est hérité des parents.

Globules rouges

1800

1850

Albert Einstein (1879-1955)

Ce célèbre physicien d'origine allemande est connu pour son équation $E = mc^2$, dans laquelle l'énergie, la masse et le temps sont liés. Elle permet de mieux comprendre l'Univers.

Équation d'Einstein

Un séisme d'une importante magnitude (8-8,9 sur l'échelle de Richter) a lieu en moyenne une fois par an.

Les séismes détruisent les maisons et les immeubles.

Charles Richter (1900-1985)

Ce sismologue américain mit au point un système – une échelle – pour mesurer la puissance d'un tremblement de terre, ou séisme.

Épicentre

Qui est l'inventeur des aliments surgelés ?

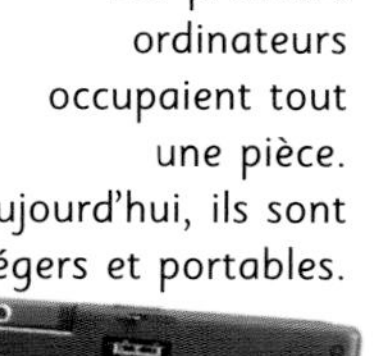

Alan Turing (1912-1954)

Au cours de la Seconde Guerre mondiale, Alan Turing, un mathématicien britannique de génie, conçut une machine capable de percer les codes secrets des Allemands. C'était l'ancêtre de l'ordinateur moderne.

Pendant la Seconde Guerre mondiale, les Britanniques se servirent de la machine Enigma pour casser les codes secrets allemands.

Les premiers ordinateurs occupaient tout une pièce. Aujourd'hui, ils sont légers et portables.

L'ordinateur (1941)

Les premiers ordinateurs étaient d'énormes machines qui ne pouvaient traiter qu'une opération à la fois.

Le téléphone mobile (vers 1980)

Mis au point à partir des talkies-walkies des années 1940-1950, le premier téléphone mobile était grand et lourd (environ 35 kg).

Téléphone mobile

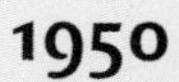

Les inventions (suite)

Voici d'autres grandes découvertes qui ont marqué l'histoire. Elles font toutes partie de notre vie quotidienne.

Le premier **antibiotique**, la **pénicilline**, fut découvert par hasard.

Les premières **voitures** fonctionnaient au charbon de bois.

L'**énergie nucléaire** est efficace mais elle peut être dangereuse.

Le **plastique** est un matériau permettant de fabriquer beaucoup d'objets.

Petits et légers, le **disque compact** et le **DVD** stockent une foule d'informations.

L'**ampoule à basse consommation** permet de faire des économies d'énergie.

1950

La découverte de l'ADN (1953)

Il suffit d'un cheveu ou d'une goutte de sang pour que la police démasque un criminel si celle-ci connaît son ADN (information génétique contenue dans les cellules).

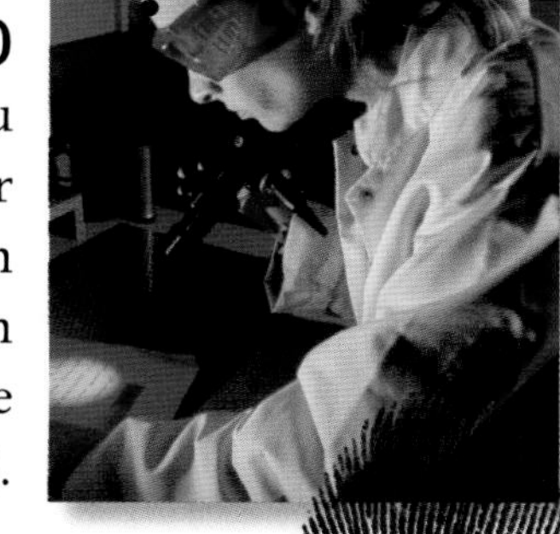

Les bombes atomiques (1945)

Parfois, la science engendre des monstres : en 1945, à la fin de la guerre, les bombes atomiques larguées par les Américains sur le Japon ont fait près de 300 000 morts.

L'Internet (vers 1990)

Né dans les années 1960, l'Internet s'est ouvert au grand public au milieu des années 1990. Un peu plus d'un milliard d'internautes l'utilisent aujourd'hui chaque jour.

Le système des empreintes digitales, créé vers 1890, est encore utilisé pour identifier un criminel.

Clarence Birdseye, en 1924.

Être scientifique

La recherche scientifique demande une grande curiosité : il y a des chercheurs dans tous les domaines, car notre connaissance du monde est partielle et de nombreuses questions sont toujours sans réponse.

Avant d'utiliser des produits chimiques ou des gaz toxiques, le chercheur s'équipe de lunettes protectrices.

Chercher et vérifier

Les idées et les théories scientifiques doivent toujours être solidement vérifiées. Dans cet ouvrage, dans l'encadré « Preuve en main », plusieurs expériences sont proposées.

Mélange explosif !

Lors d'une expérience, le mélange des produits chimiques réserve des surprises : cela peut être dangereux, mais parfois cela apporte aussi la réponse souhaitée.

Quelle est la capacité de grossissement d'un microscope optique ?

Au plus près

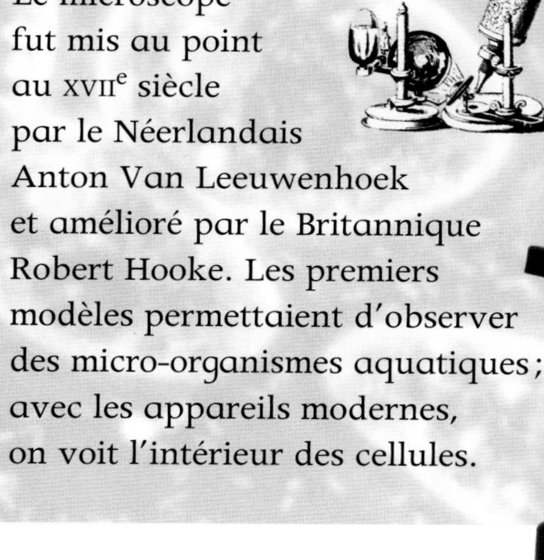

Le microscope fut mis au point au XVIIe siècle par le Néerlandais Anton Van Leeuwenhoek et amélioré par le Britannique Robert Hooke. Les premiers modèles permettaient d'observer des micro-organismes aquatiques ; avec les appareils modernes, on voit l'intérieur des cellules.

Vue de l'intérieur

À l'hôpital, il arrive que le médecin utilise un scanner. Cette puissante machine lui permet de voir ce qui se passe à l'intérieur des corps.

Preuve en main

Verse un peu de colorant alimentaire dans un grand verre d'eau et disposes-y une fleur blanche dont tu auras coupé le bout de la tige.

Par sa tige, une plante tire du sol la nourriture et l'eau qui la font vivre. Ici, la fleur puise l'eau additionnée de colorant bleu.

Les spécialistes

Tout ou presque dans le monde est étudié par des spécialistes scientifiques. Voici quelques-unes de ces spécialités : certaines sont très connues, d'autres pas du tout !

Le **zoologiste** étudie les animaux, mis à part l'être humain.

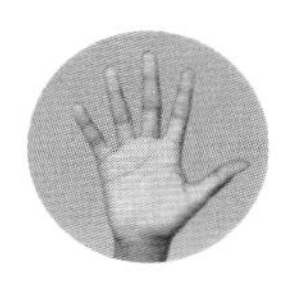

Le **biologiste** s'intéresse à la vie et aux organismes vivants.

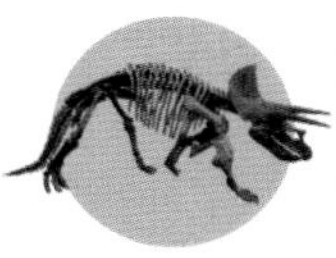

Le **paléontologue** observe les fossiles pour reconstituer l'histoire des êtres vivants.

Le **botaniste** s'intéresse au monde végétal et classe les plantes.

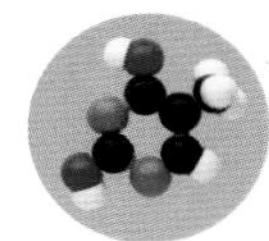

Le **chimiste** étudie la matière et aide à créer de nouvelles substances.

L'**astronome** est un spécialiste de l'espace, des planètes, des étoiles et de l'Univers.

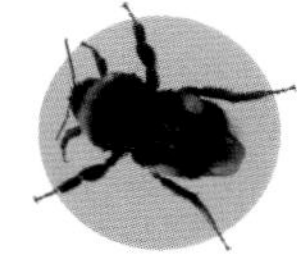

L'**entomologiste** est un zoologiste, spécialiste des insectes.

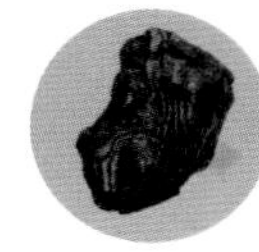

Le **géologue** étudie la Terre et les roches qui la composent.

L'**archéologue** recherche les traces du passé pour comprendre notre histoire.

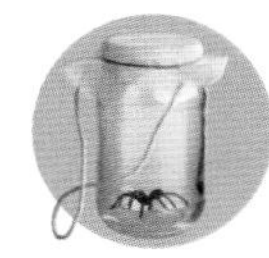

L'**écologue** étudie les relations entre les organismes vivants et la nature.

L'**océanographe** s'intéresse aux océans et à la vie marine.

Certains ont la capacité de grossir 1 000 fois.

La science au quotidien

La science n'est pas réservée aux chercheurs qui travaillent dans les laboratoires, elle fait aussi partie de notre vie. Elle permet entre autres choses de nous éclairer, de nous soigner et de nous déplacer.

Le Teflon

Inventé en 1938, le Teflon fut d'abord utilisé dans les combinaisons spatiales avant de servir de revêtement antiadhésif.

Fer à repasser

Poêle en Teflon

L'électricité

À la nuit tombée, l'électricité éclaire les maisons. Cette énergie sert aussi à cuisiner, à voyager, à travailler et à jouer.

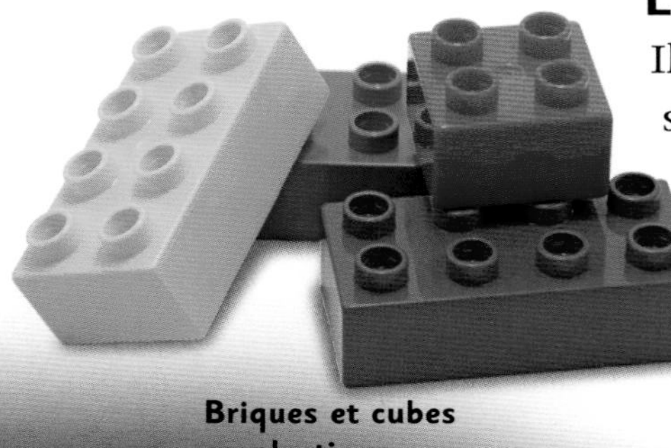

Briques et cubes en plastique

La folie du plastique

Il suffit de regarder autour de soi pour s'apercevoir que le plastique est partout. Ce matériau à la fois souple et résistant se recycle maintenant presque en totalité.

Médicaments en flacon ou sous emballage plastique

Immeubles de bureaux, maisons, rues... la nuit, la ville brille de partout.

Les chirurgiens suivent l'opération par ordinateur.

En salle d'opération, masques, tabliers et gants sont obligatoires pour prévenir les infections.

En pleine santé !

Il y a longtemps, les malades ne se soignaient qu'avec des plantes médicinales. Aujourd'hui, la médecine permet de soigner des affections jusque-là mortelles, ou de les prévenir.

Satellite en orbite autour de la Terre

Allô, la Terre !

Telle une oreille à l'écoute de la Terre, un satellite en orbite capte diverses informations (signaux TV, données météo, etc.), qu'il transmet d'un point à un autre du globe.

Des tissus technologiques

Entre celui qui respire, celui qui s'étire ou celui qui tient chaud, les nouveaux tissus mis au point pour les vêtements destinés aux loisirs ou aux sports profitent à tous.

Des distances plus courtes

La science et la technologie ont permis de grands progrès dans les transports. Grâce à la voiture, au train, à l'avion, il est plus facile de voyager loin… ou, avec le car ou le bus, d'arriver à l'heure à l'école !

Plus rapide qu'un train à grande vitesse ?

Au Japon, le Shinkansen circule à plus de 300 km/h.

Pour en savoir plus

La santé, pages **40-41**
L'électricité, pages **76-77**

Spoutnik 1, lancé par la Russie en 1957.

Le monde vivant

Notre planète est spectaculaire : elle abrite des millions d'espèces vivantes différentes, de la plus grosse, comme la baleine, à la plus petite, si petite qu'il faut un microscope pour savoir qu'elle existe.

Araignée

Libellule

Les animaux

Le règne animal est constitué de vertébrés (animaux dotés d'une colonne vertébrale) et d'invertébrés (sans colonne vertébrale).

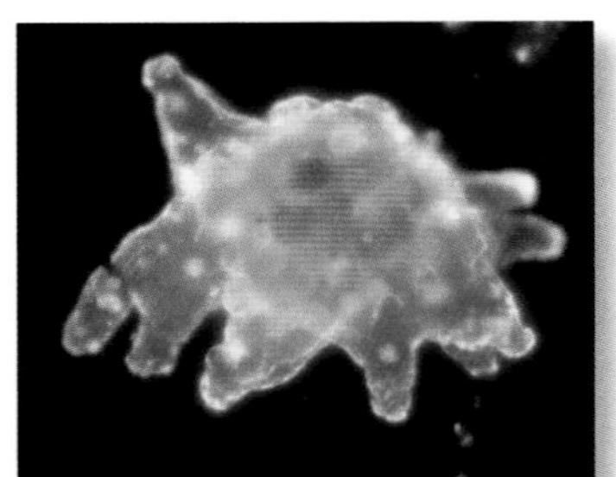

Les micro-organismes

Un micro-organisme est minuscule. Composé d'une seule cellule, il n'est visible qu'au microscope. Cette amibe est grossie plus de 100 fois.

Dans le règne animal, quel groupe d'animaux contient le plus d'espèces ?

Serpent

Les insectes, comme ce papillon, sont des invertébrés.

Les plantes

À la différence des animaux, les plantes ne peuvent pas se déplacer et doivent donc fabriquer leur propre nourriture. Elles sont mangées par de nombreux animaux et champignons.

Signes de vie

Tout ce qui vit a besoin de nourriture et d'oxygène, naît et meurt, se reproduit et s'adapte à son environnement.

Les champignons

Les champignons, les moisissures et les levures ne sont ni des plantes, ni des animaux.

Grenouille arboricole

Champignons

Qu'est-ce que c'est?

Les images ci-dessous sont des détails agrandis de photos figurant dans le chapitre « Les sciences de la vie ». Amuse-toi à les retrouver !

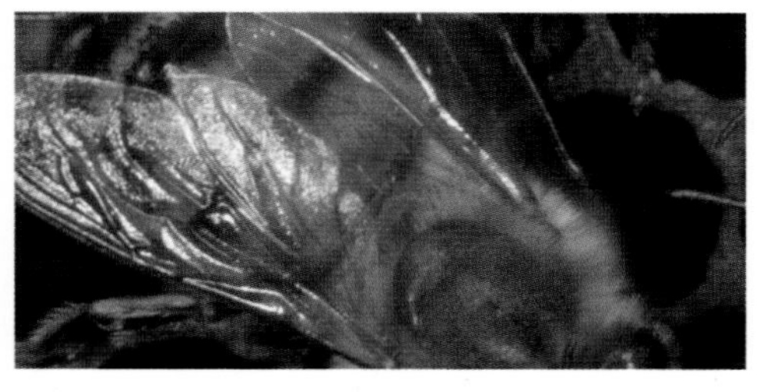

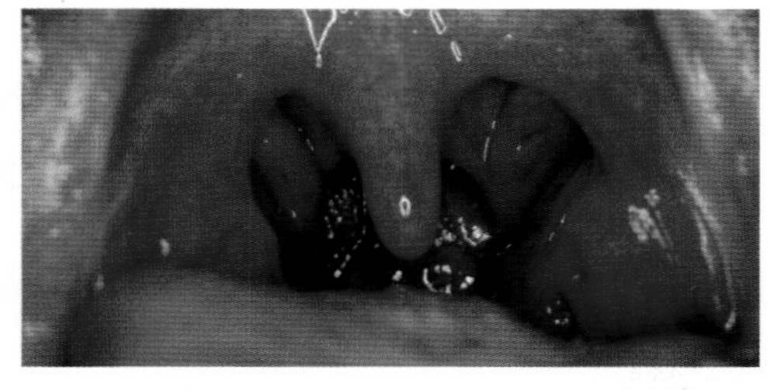

Pour en savoir plus
La photosynthèse, pages **22-23**
Les groupes d'animaux, pages **28-29**

Les invertébrés, qui représentent 97 % de toutes les espèces animales.

La vie microscopique

Un très grand nombre d'organismes vivants ne sont faits que d'une seule cellule et sont minuscules : il faut un microscope puissant pour les étudier.

Boîte d'observation, ou boîte de Petri

Chaque point représente une colonie de milliers de bactéries.

Colonie de bactéries

Qu'est-ce qu'une bactérie ?

Les bactéries sont des organismes unicellulaires peuplant les océans, l'air et même le corps humain. Elles se reproduisent très vite en se divisant par deux. Certaines tirent leur énergie de la lumière solaire et la plupart se nourrissent de végétaux et d'animaux en décomposition.

Les flagelles, sortes de fouets, tournent comme des vis pour la faire avancer.

Bactérie

De fins et courts filaments, les pili, permettent d'adhérer aux surfaces.

Une sorte de gelée, appelée cytoplasme, lui permet de grandir et de faire son travail.

L'unique chromosome est un long filament d'ADN.

Paroi solide et protectrice

Les « mauvaises » bactéries

Les bactéries responsables de maladies, comme le choléra et le tétanos, sont dites pathogènes. De bonnes mesures d'hygiène et les antibiotiques aident à les combattre.

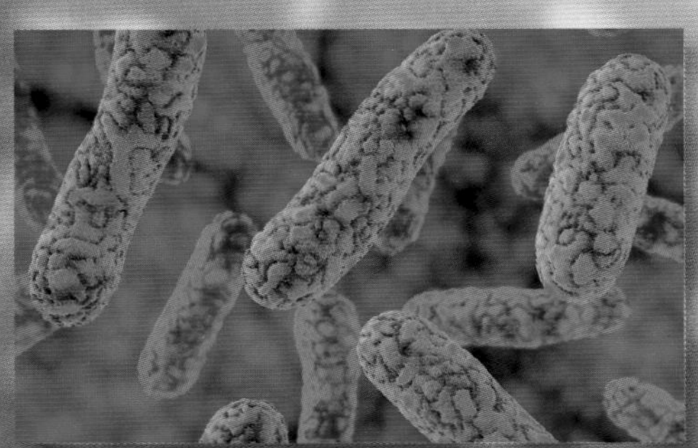

Une bactérie peut avoir une forme de boule, de bâtonnet ou d'hélice.

Les bactéries utiles

Certaines bactéries sont utiles. Celles de l'intestin protègent contre certaines maladies. D'autres sont nécessaires à la fabrication du yaourt et du fromage.

En 24 heures, combien de bactéries une seule bactérie peut-elle engendrer ?

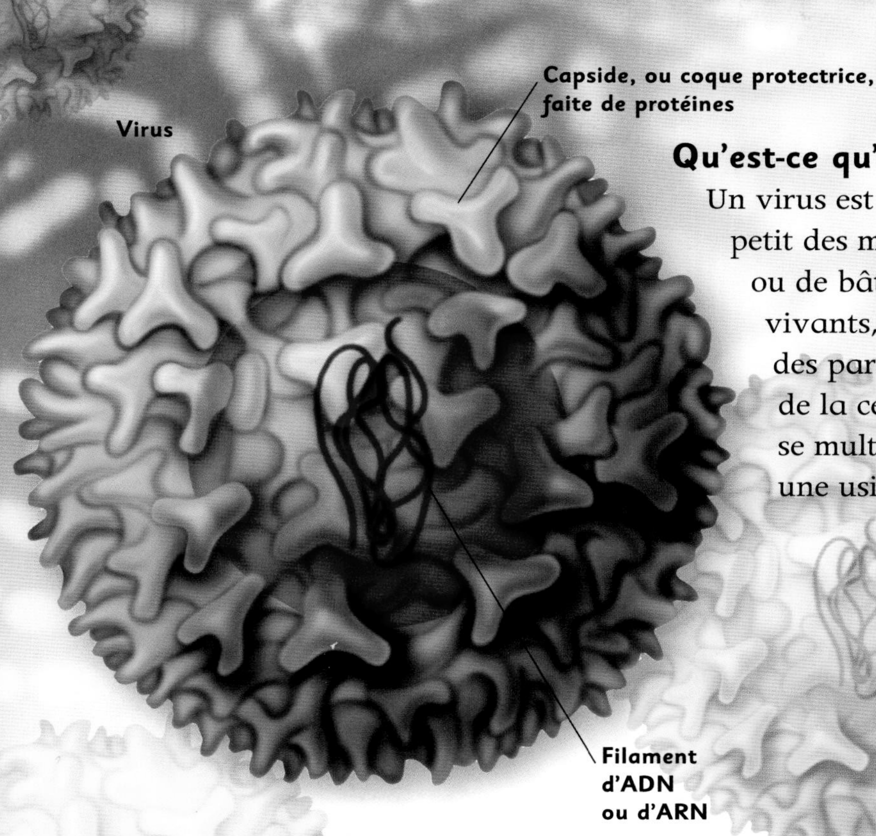

Qu'est-ce qu'un virus?

Un virus est bien plus petit qu'une bactérie: c'est le plus petit des micro-organismes. Il a une forme de boule ou de bâtonnet. Les virus ne sont pas vraiment vivants, car ils n'ont pas de cellule. Ce sont des parasites de cellules. Ils utilisent la machinerie de la cellule dans laquelle ils pénètrent pour se multiplier. La cellule parasitée devient alors une usine à fabriquer des virus.

Les virus des végétaux

Un virus peut modifier la croissance ou la vie d'une plante. Ci-dessous, un virus s'est attaqué aux pigments – à la couleur – des pétales de la tulipe. Il n'y a plus de pigments dans les zones blanches.

Les zébrures de cette tulipe sont dues à un virus.

Un virus a provoqué des taches blanches sur ces feuilles.

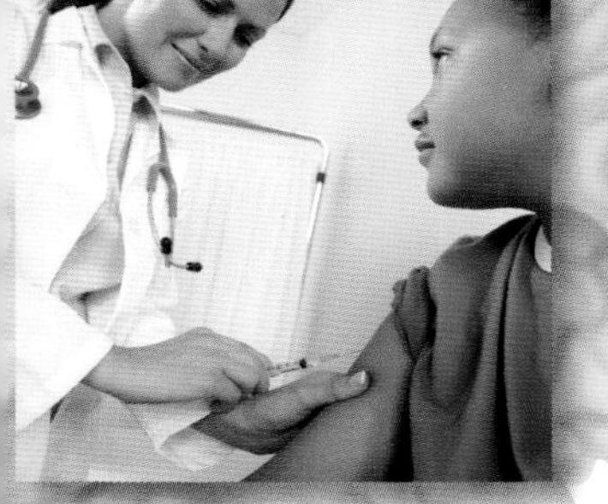

La vaccination

Lors d'une vaccination, une forme inoffensive de virus ou de bactérie est injectée. En cas d'attaque, le système immunitaire est ainsi capable de réagir et de se protéger.

Virus et maladies

Les virus peuvent provoquer des maladies, parfois bénignes, parfois contagieuses et mortelles.

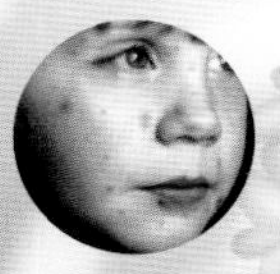

La **varicelle** se caractérise par des boutons rouges qui démangent.

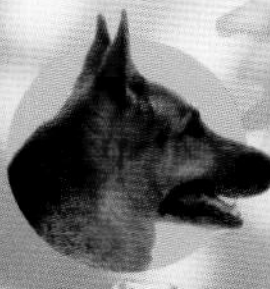

La **rage** est une maladie mortelle qui touche les animaux comme le chien.

Le nez qui coule, la gorge qui fait mal et la toux, c'est la **rhino-pharyngite**.

Les protistes

Un protiste est une autre forme d'organisme vivant unicellulaire, qui peut être un champignon, un animal ou un végétal. Certains protistes se regroupent en colonies.

Elle peut engendrer 4 000 milliards de bactéries en 24 heures.

Les champignons

Le règne des champignons comprend les champignons dits «supérieurs», les levures et les moisissures. Ce ne sont ni des végétaux, ni des animaux. Ils se nourrissent d'animaux ou de végétaux, morts ou vivants, dont ils absorbent les nutriments.

Moisissure du pain

Pain humide

Du moisi!

Les moisissures sont des champignons microscopiques qui s'étalent en filaments. Elles se nourrissent de matière organique morte, comme les aliments, qu'elles font pourrir.

Lames

Pied

Le champignon supérieur

Nombre de ces champignons naissent dans le sol ou dans des sources nutritives comme les arbres. Ils deviennent visibles en grandissant. Pour se reproduire, ils libèrent des petites graines appelées spores.

Les lames libèrent des spores dans l'air.

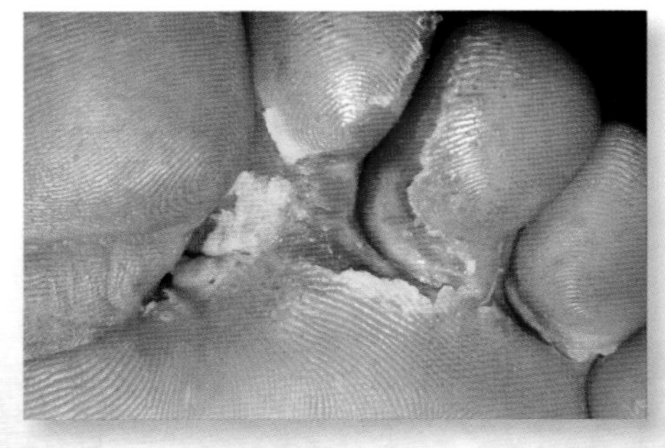

Le pied d'athlète

Le pied d'athlète, ou mycose du pied, est une maladie de peau due à un champignon. La peau rougit et pèle.

La cueillette des champignons

Les champignons poussant dans les sous-bois ne sont pas tous comestibles. Certains sont très toxiques, voire mortels. Ces champignons vénéneux arborent souvent des couleurs vives pour avertir du danger.

Amanite tue-mouches

Tricholome pied bleu

Cèpe de Bordeaux

Calocère visqueuse

Quel est le plus grand champignon du monde?

La pénicilline

En 1928, sir Alexander Fleming découvrit que la moisissure *Penicillium notatum* produit une substance chimique capable de tuer des bactéries. C'est le premier antibiotique. La pénicilline est aujourd'hui utilisée dans le traitement de nombreuses maladies.

Sir Alexander Fleming (1881-1955)

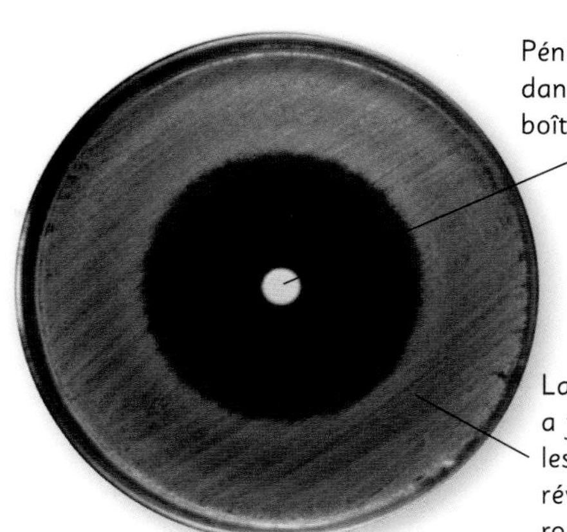

La truffe

Appréciée en cuisine, la truffe est un champignon qui pousse sous terre. Les cochons et les chiens la repèrent à sa forte odeur.

Les levures

Les levures sont des champignons unicellulaires microscopiques qui, en se nourrissant, transforment le sucre en dioxyde de carbone et en alcool. Elles servent à fabriquer le pain, car le dioxyde de carbone dégagé fait lever la pâte.

Des champignons utiles

Nombres de champignons sont utilisés en cuisine, en pharmacie et dans l'industrie.

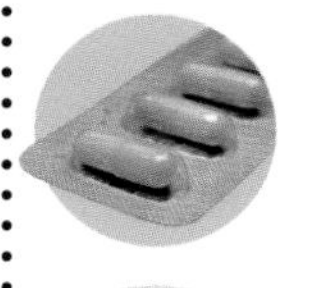

Certains **médicaments**, comme les antibiotiques, sont à base de champignons.

Sous l'action de la levure, le sucre se transforme en alcool et le raisin en **vin**.

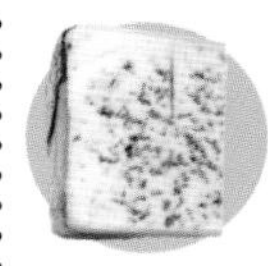

Le **roquefort** est obtenu grâce au *Penicillium roquefortii*.

La **sauce soja** est un mélange de champignons, de graines de soja, de farine de blé torréfiée et de levure.

Pour respecter la nature, on pourrait remplacer **insecticides** et **herbicides** par des champignons.

Un armillaire en Orégon (aux États-Unis) qui étend ses filaments sur près de 8,9 km².

Plantes et végétaux

Les plantes ont besoin de l'énergie du soleil pour vivre et se nourrir. Leurs feuilles capturent la lumière et leurs racines assurent leur stabilité tout en puisant dans le sol l'eau et les nutriments nécessaires.

Les algues marines
Les algues ne sont pas des plantes, car elles n'ont pas de racines.
Elles se fixent aux rochers avec des crampons.

Reconnaître une plante
Les plantes, à la différence des autres végétaux, ont toutes des racines, une tige, des feuilles et des fleurs.

Les pétales attirent les insectes et les oiseaux pollinisateurs.

Les étamines et les carpelles sont les organes reproducteurs.

La tige
La tige porte les feuilles et les fleurs et leur fournit l'eau et les nutriments puisés par les racines.

La fleur
C'est dans la fleur que le pollen est produit et que la reproduction a lieu. Après la fécondation, il y a production d'un fruit et d'une graine.

Les racines
Les racines ancrent fermement la plante dans le sol où elles puisent l'eau et les nutriments.

La feuille
Véritable usine, elle capture et transforme l'énergie solaire pour nourrir la plante.

Un nénuphar
Les feuilles aplaties du nénuphar flottent à la surface de l'eau tandis que ses racines s'enfoncent dans la vase du fond de l'étang.

Incroyable !
La dionée gobe-mouche complète son alimentation avec des insectes qu'elle attire entre ses feuilles. Miam !

Quelle plante possède les feuilles les plus longues ?

Les types de végétaux

Il existe une grande variété de végétaux. Certains partagent les mêmes caractéristiques, ce sont des types de végétaux.

La fougère déroule ses feuilles en grandissant.

Les fougères

Les fougères aiment les lieux sombres et humides. Leurs feuilles abritent les sporanges, de petits sacs contenant les spores.

La plupart des conifères gardent leurs feuilles toute l'année.

Les conifères

Ces arbres protègent leurs graines dans des cônes ; leurs feuilles sont souvent des aiguilles coriaces.

Le séquoia est le plus grand arbre du monde.

Les mousses

Les mousses n'ont ni racines ni fleurs. Elles s'étalent en tapis dans les lieux humides.

Il existe environ 12 000 espèces de mousses.

Les plantes à fleurs

Les plantes à fleurs sont les plus nombreuses. Elles produisent des fleurs, des fruits et des graines au rythme des saisons.

Un arbre se reconnaît à ses feuilles.

Feuille de frêne

Feuille d'érable

Feuille de chêne écarlate

La forêt tropicale

Cette immense forêt abrite près de la moitié des espèces végétales au monde.

Les feuilles caduques

Certaines plantes perdent leurs feuilles pour survivre à la saison froide ou à la saison sèche.

Le raphia, un palmier dont les feuilles peuvent atteindre 24 m de long.

La plante-usine

Les plantes ont mis au point un système drôlement efficace pour se nourrir sans se déplacer...

La photosynthèse

Le pigment vert des feuilles, appelé chlorophylle, absorbe l'énergie du soleil. Celle-ci servira à transformer l'eau et le dioxyde de carbone en sucre.

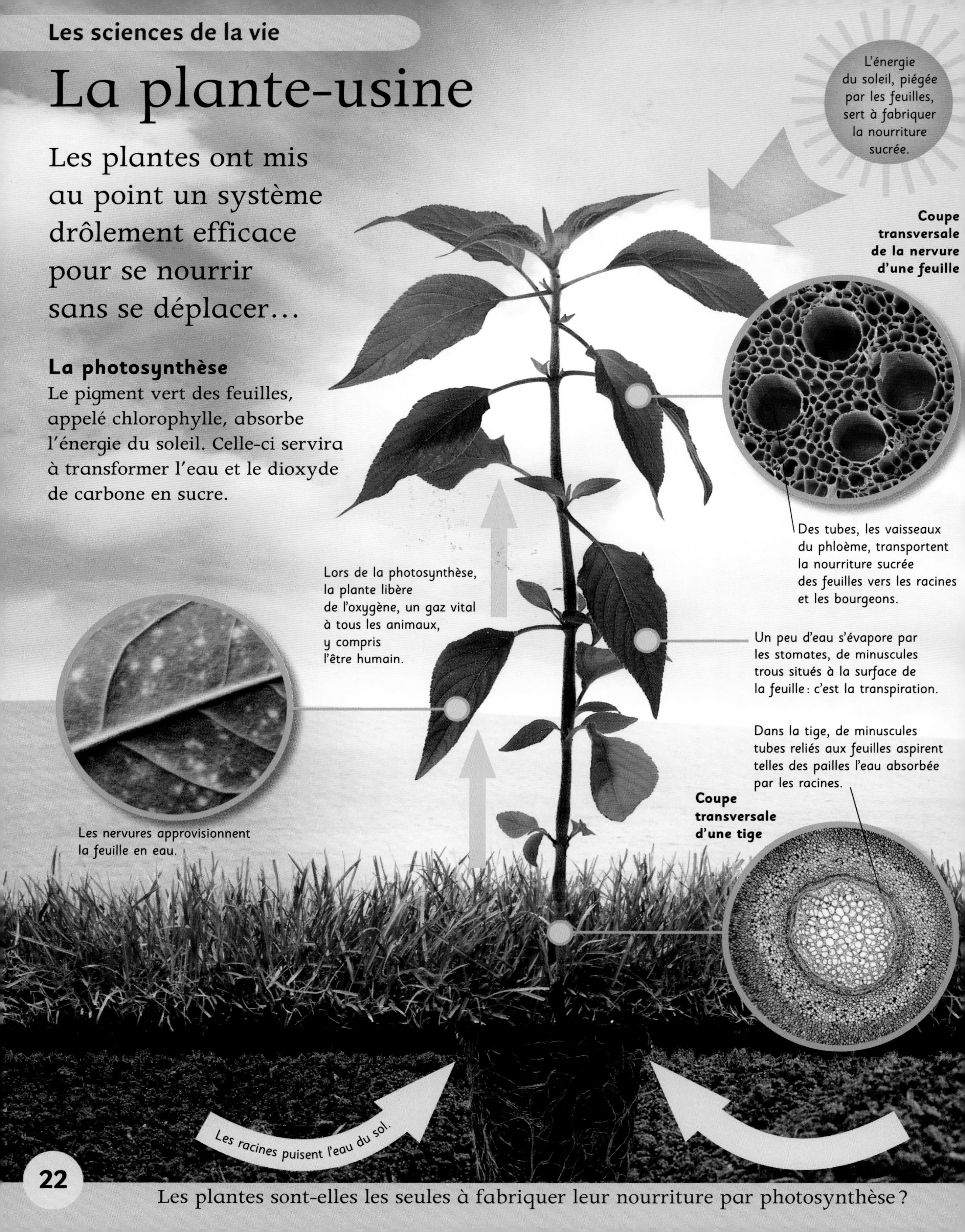

Les plantes sont-elles les seules à fabriquer leur nourriture par photosynthèse ?

Ça pousse !

Dans les cellules de la plante, le sucre et l'amidon « brûlent » en libérant l'énergie nécessaire à la fabrication de nouvelles cellules et à la réparation des anciennes.

Des feuilles fanées

Lorsqu'il fait chaud, l'eau des cellules s'évapore par les feuilles. Si une plante manque d'eau, ses feuilles flétrissent, puis la plante se fane et meurt.

Dans le désert

Les plantes du désert doivent s'adapter au manque d'eau. Beaucoup ont des feuilles charnues et couvertes de cire, ce qui réduit la transpiration. D'autres, comme le cactus, ont des feuilles épines mais elles stockent l'eau dans une tige épaisse.

Les fruits sont une véritable réserve d'eau et de sucre...

... et chez les carottes, ces réserves sont stockées dans les racines.

Un vrai garde-manger

Les éléments nutritifs en excès sont mis en réserve. La jacinthe les stocke à la base de ses feuilles, qui enflent peu à peu pour former un bulbe. À la fin de l'hiver, de nouvelles feuilles émergent du bulbe.

Preuve en main

Place une tige de céleri dans un verre d'eau additionné de colorant alimentaire. Après 2 heures, coupe-la transversalement : les points colorés sont les tubes qui transportent l'eau.

Non, car de nombreuses bactéries utilisent également la photosynthèse.

La reproduction des plantes

La plupart des plantes naissent à partir de graines. Si toutes les conditions sont réunies, elles grandissent et libèrent à leur tour des graines. Le cycle recommence…

De fleur en fleur

Le pollen joue un rôle essentiel dans la reproduction des plantes. Ces minuscules grains jaunes passent d'une fleur à l'autre, parfois d'une plante à l'autre, transportés par le vent, les oiseaux et les insectes.

Les couleurs vives et les senteurs attirent les insectes.

La pollinisation

Une fleur est dotée d'organes femelles (les ovaires), qui produisent les ovules, et d'organes mâles (les étamines), qui libèrent les grains de pollen. Quand le pollen féconde l'ovule, une graine se forme. C'est la pollinisation.

Portés par le vent

Les fleurs (chatons) mâles et femelles des saules ne sont pas sur les mêmes arbres. Grâce au vent, les chatons mâles, ballottés, libèrent leur pollen qui ira féconder les chatons femelles.

L'abeille amasse le pollen dans la corbeille de ses pattes.

Qu'est-ce qu'une spore ?

Des fruits et des graines

Après la fécondation, l'ovaire enfle et se change en fruit. Les fruits sont variés : juteux et goûteux ou secs et durs.

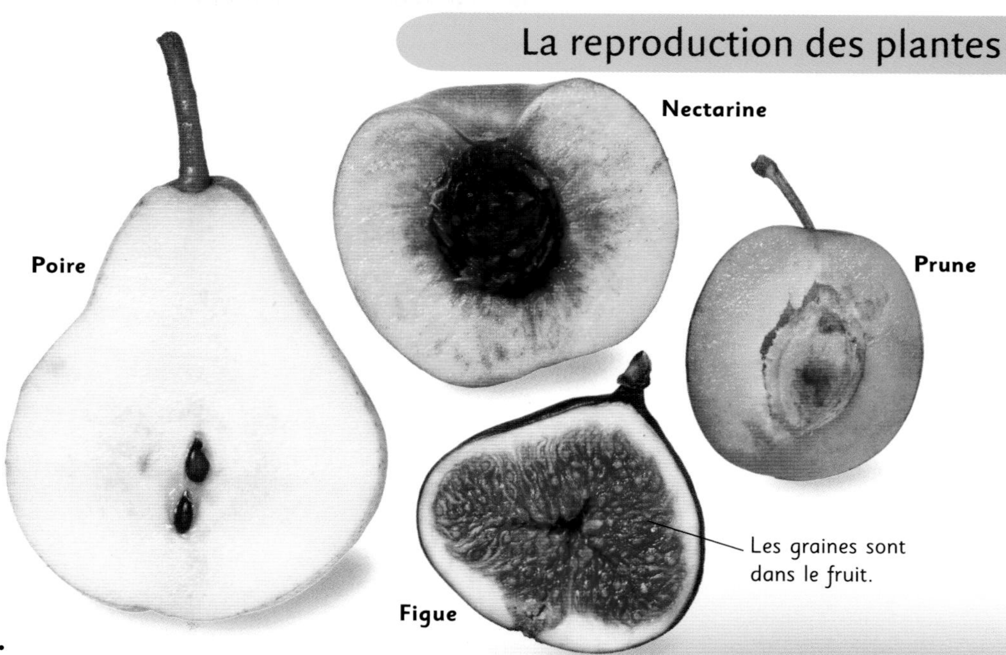

La dissémination

Chaque plante a mis au point un système pour disséminer ses graines et ses fruits.

La graine du **pissenlit**, contenue dans un fruit doté d'un parachute, s'envole.

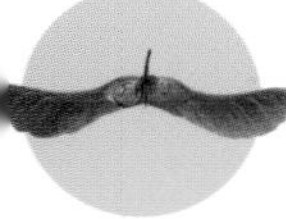
Le fruit de l'**érable** est pourvu d'ailettes virevoltant vers le sol.

Doté de crochets, le fruit de la **bardane** se fixe aux poils des animaux.

L'**animal** mange un fruit et laisse tomber les graines sur le sol.

Jeune pousse

Avec assez d'eau, de nutriments et de lumière, la graine donne naissance à des racines et à une petite tige : une pousse apparaît.

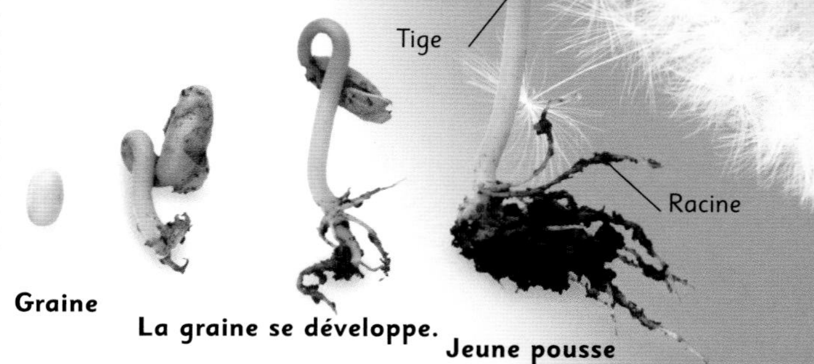

Envahisseurs

Certaines plantes se reproduisent sans graines. Le fraisier se multiplie grâce à ses longues tiges aériennes terminées par un bourgeon. Quand celui-ci touche le sol, il s'enracine et forme un nouveau pied, un futur fraisier.

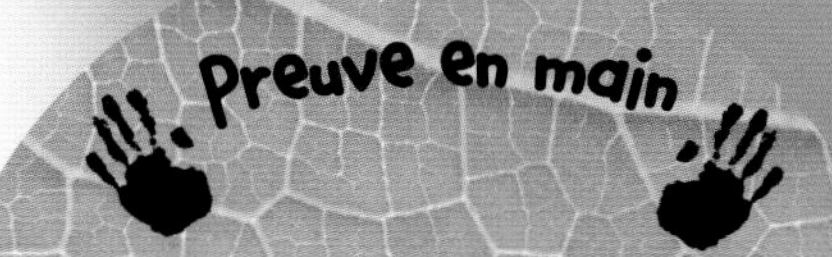

Preuve en main

Réalise un jardin miniature dans un bocal rempli de terre. Sème quelques graines, arrose et observe ! Elles vont se développer et former des jeunes pousses.

Chez les champignons et les algues, une spore est l'équivalent d'une graine.

Qu'est-ce qu'un animal ?

À l'inverse des végétaux, les animaux bougent : ils doivent pouvoir se mouvoir pour trouver leur nourriture, principalement composée d'autres organismes vivants (plantes ou animaux). Chaque espèce animale possède des caractéristiques bien spécifiques.

Pygargue à tête blanche

Se nourrir pour vivre

Tous les animaux ne mangent pas la même chose. Un carnivore se repaît de la chair d'autres animaux, un herbivore se nourrit de végétaux et un omnivore apprécie les deux.

L'écureuil dévore graines, noix, fruits et champignons.

Le besoin de se déplacer

Les animaux pourvus de muscles courent, volent, nagent… Les autres ont d'autres astuces pour se nourrir.

Voler L'oiseau bat des ailes ou se laisse porter par les courants chauds.

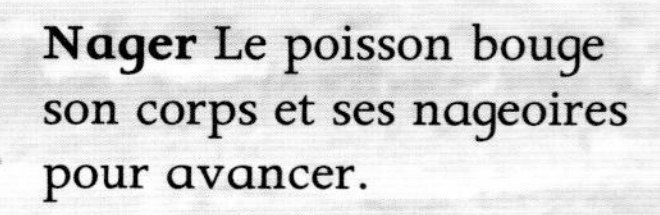

Nager Le poisson bouge son corps et ses nageoires pour avancer.

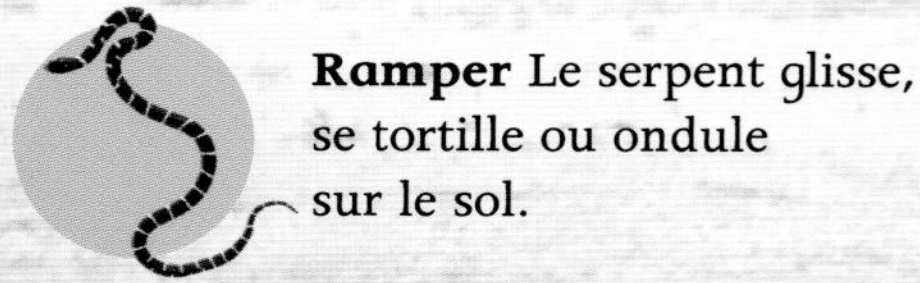

Ramper Le serpent glisse, se tortille ou ondule sur le sol.

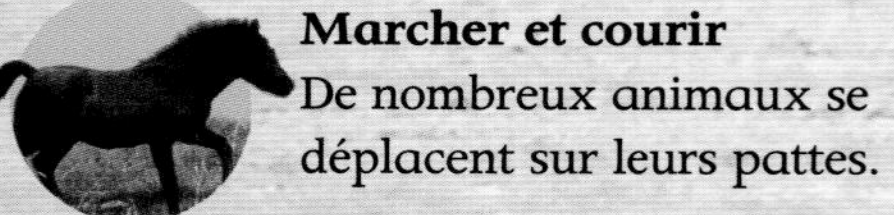

Marcher et courir De nombreux animaux se déplacent sur leurs pattes.

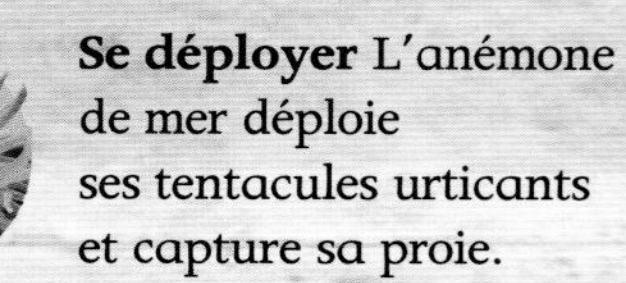

Se déployer L'anémone de mer déploie ses tentacules urticants et capture sa proie.

Vite, vite !

Les nerfs des animaux réagissent aux informations perçues par leurs organes sensoriels (œil, oreille, nez, peau, langue…). Pour les animaux qui en sont dotés, c'est le cerveau qui traite ces informations et qui, en retour, donne des ordres (courir, attaquer, ne pas bouger, etc.).

Combien existe-t-il d'espèces animales sur Terre ?

Les animaux parlent-ils?

Non, mais ils communiquent beaucoup entre eux.

Les coléoptères envoient des messages chimiques à leurs compagnons.

L'abeille communique sans cesse. Pour indiquer une direction, elle danse.

Après un gros repas, le python peut rester plusieurs mois sans manger.

Faire des petits

Beaucoup d'animaux se reproduisent avec la fécondation d'un ovule (de la femelle) par un spermatozoïde (du mâle). Un œuf, ou un petit, se développe.

L'oiseau femelle pond un œuf à coquille dure.

Le poussin brise sa coquille et sort.

Les girafes ont comme les autres mammifères sept vertèbres au niveau du cou. Elles sont justes plus grandes !

Le singe crie pour avertir ses congénères d'un danger.

D'après les spécialistes, il existe environ 1,8 million d'espèces animales.

Les groupes d'animaux

Les animaux sont si nombreux et si variés qu'il est plus pratique de les classer pour les étudier. Mammifères, oiseaux, reptiles, amphibiens et poissons sont des vertébrés, tous les autres sont des invertébrés.

Les reptiles

La plupart des reptiles sont pourvus d'une peau sèche recouverte d'écailles. Ils sont surtout terrestres. En général, la femelle pond des œufs, mais parfois elle donne directement naissance à des petits.

Les mammifères

En général, les mammifères sont couverts de poils. La femelle donne naissance à des petits, qui tètent immédiatement leur mère. L'être humain est un mammifère.

Quel est le seul mammifère capable de voler ?

Les oiseaux

Tous les oiseaux ont un bec, sont couverts de plumes et dotés d'ailes, mais certains ne volent pas. La femelle pond des œufs.

Perroquet

L'autruche court vite, mais ne vole pas.

Les amphibiens

Les amphibiens vivent à la fois sur terre et dans l'eau. Leur peau est humide. Ils pondent des œufs gélatineux.

Grenouille

Salamandre

Les poissons

Les poissons vivent en permanence dans l'eau. Ils respirent avec des branchies et se déplacent grâce à leurs nageoires. La plupart sont couverts d'écailles.

Les invertébrés

Les animaux sans colonne vertébrale sont des invertébrés. Des milliers d'espèces en font partie. Comme ils sont souvent petits et discrets, beaucoup restent encore à découvrir.

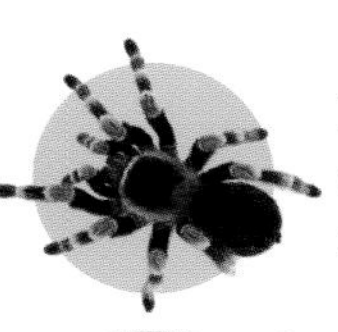

Les **insectes**, les **araignées** et les **crustacés** sont les plus nombreux.

Les **escargots** et les **limaces** sont des gastéropodes.

Les **vers** ont un long corps mou sans pattes. Ils aiment les lieux humides.

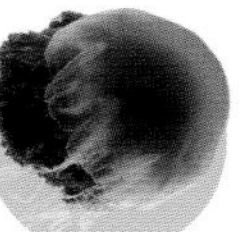

Les **méduses**, les **étoiles de mer** et les **éponges** vivent dans la mer.

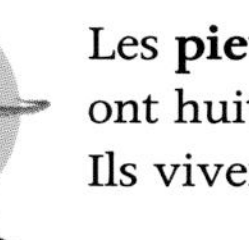

Les **pieuvres** et les **calmars** ont huit bras, ou tentacules. Ils vivent aussi dans la mer.

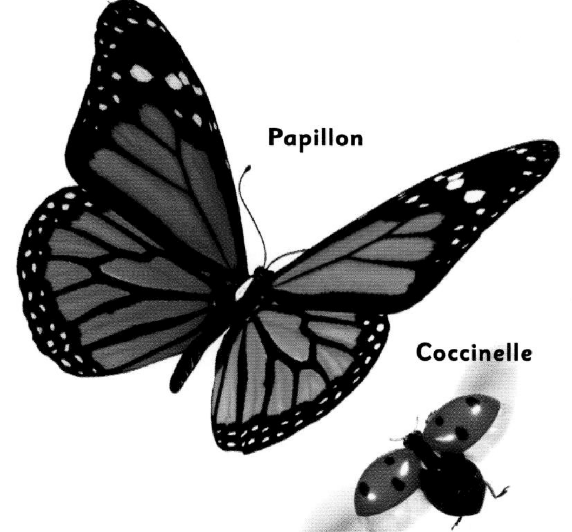

Papillon

Coccinelle

Les insectes

Les insectes possèdent six pattes et un corps divisé en trois parties. Ils vivent presque partout sur Terre et sont les plus nombreux des animaux.

La chauve-souris.

La reproduction animale

Toutes les espèces animales ont des petits : c'est la reproduction. Pour cela, en général, une femelle doit s'accoupler avec un mâle de la même espèce.

Un zèbre femelle et son petit

Chez les mammifères

Après l'accouplement, s'il y a fécondation, une cellule œuf se développe dans le ventre maternel. Le petit animal qui naît est formé.

Ce jeune macaque se serre contre sa maman.

Sans défense

Le singe femelle nourrit et élève son petit pendant des années.

La période de gestation d'un éléphant femelle dure deux ans !

Vie de famille

L'éléphant élève son éléphanteau plus longtemps que n'importe quel autre animal, excepté l'homme.

Comme tout mammifère, l'éléphanteau se nourrit de lait maternel.

Pour en savoir plus

La reproduction des plantes, pages **24-25**

L'hérédité, pages **32-33**

Quel animal femelle pond le plus gros œuf ?

Des œufs par milliers
Les oiseaux, les poissons, les insectes et les reptiles pondent des œufs, parfois un seul… parfois des milliers !

Ce bébé crocodile sort de sa coquille.

Jeunes et libres
Les jeunes tortues éclosent dans le sable puis elles se ruent vers la mer.

Dans la poche !
Le kangourou femelle possède une poche ventrale. À la naissance, le jeune rampe vers une mamelle enfouie dans la poche, où il reste 3 mois, le temps de grandir un peu plus.

Liens familiaux
Les éléphants femelles passent toute leur vie en famille, mais les mâles s'en vont vers l'âge de 13 ans.

La métamorphose
Certains animaux, comme la grenouille, le papillon ou la libellule, changent d'aspect au cours de leur vie.
Voici les différentes étapes de la métamorphose du papillon.

Au début, le papillon est une minuscule chenille qui sort d'un œuf.

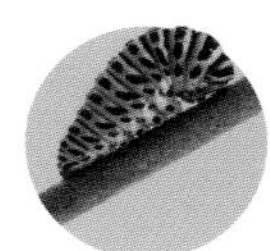

La chenille se fixe à une brindille. Sa peau durcit : elle devient une chrysalide.

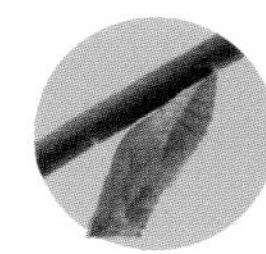

Dans la chrysalide, la chenille se transforme en papillon.

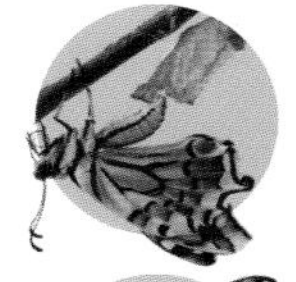

Quand le papillon est formé, la chrysalide s'ouvre.

Le papillon sort, il sèche ses ailes, la métamorphose est terminée.

Chez les manchots empereurs, le mâle s'occupe des jeunes pendant que la femelle pêche.

L'autruche.

L'hérédité

Les gènes sont des instructions chimiques, héritées des parents, indiquant au corps comment se construire. Un enfant ressemble ainsi plus ou moins à ses parents, mais ses gènes sont uniques, sauf s'il a un vrai jumeau.

À quoi ressemble l'ADN ?

Une fois grossi, l'ADN fait penser à une échelle torsadée.

De petites cellules

Un organisme vivant est fait de milliards de cellules assemblées comme des briques. Chacune d'elle abrite dans son noyau un « kit » de gènes, permettant de reproduire à l'identique cet organisme.

Chromosome

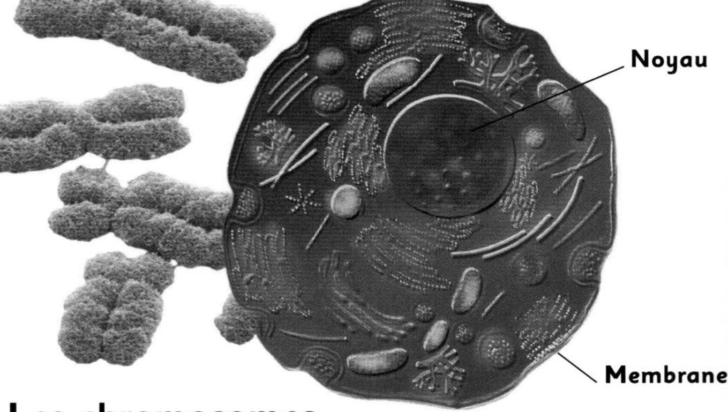

Le code de la vie

L'ADN forme un long filament entortillé (chez l'homme, l'ADN déroulé d'une seule cellule ferait plus de 2 mètres) logé dans le noyau cellulaire. Il est composé de quatre unités chimiques rassemblées en code : ce code est le mode d'emploi qui indique aux cellules comment fabriquer un organisme vivant.

Les chromosomes

Les gènes sont portés par 46 chromosomes, assemblés en 23 paires. Les gènes et les chromosomes sont faits d'une substance chimique, l'ADN.

Qu'est-ce qu'un gène ?

Chaque cellule compte environ 25 000 gènes répartis sur les chromosomes. Tous les organismes vivants transmettent une partie de leurs gènes à leur descendance. Lors de la reproduction sexuée, deux lots de gènes sont assemblés : pour chaque gène, chaque être reçoit un exemplaire de sa mère et un de son père. Parfois le gène reçu de la mère est activé, d'autres fois c'est celui du père.

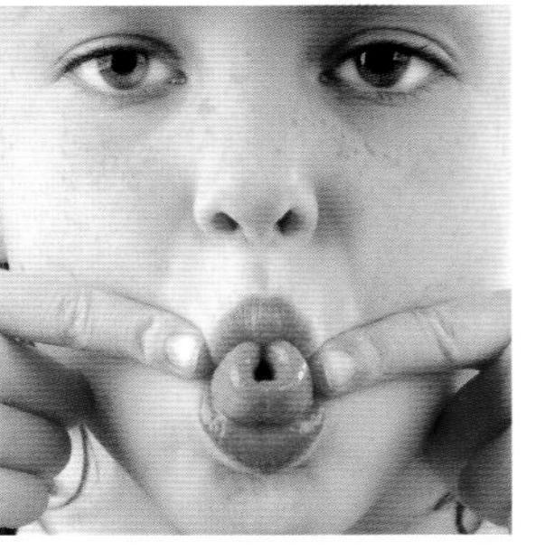

Pour enrouler sa langue, le bon gène codant doit être activé.

Que signifie ADN ?

Le daltonisme

Il existe un gène qui altère la vision des couleurs. Ceux qui, dans ce cercle rempli de pastilles colorées, ne voient pas les chiffres, sont daltoniens : ils confondent le vert et le rouge.

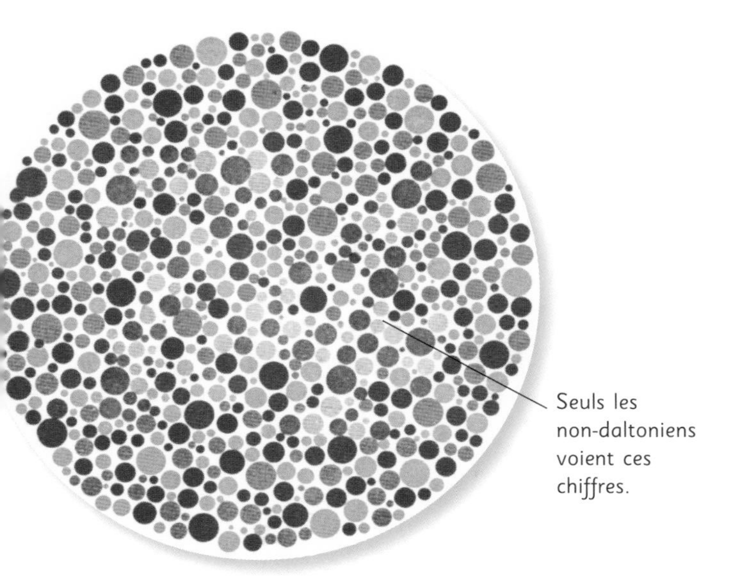

Seuls les non-daltoniens voient ces chiffres.

Voir double

Les vrais jumeaux partagent tous leurs gènes. Un quart d’entre eux sont des jumeaux en miroir : ils sont la réplique exacte mais inversée de l’autre. Ainsi, ils peuvent avoir le même grain de beauté mais sur des bras opposés.

À qui ressemblons-nous ?

Chacun est un mélange des gènes de ses deux parents : on peut avoir les yeux de sa mère et le sourire de son père.

Ce sont les chromosomes du père qui déterminent le sexe de l’enfant.

Cette petite fille a les mêmes cheveux et la même couleur de peau que sa mère.

Pour en savoir plus

La reproduction animale, pages **30-31**
La santé, pages **40-41**

Les os et les muscles

Le squelette, qui permet de se tenir debout et protège les organes internes, se compose d'os, sans quoi le corps ne serait qu'un tas informe.

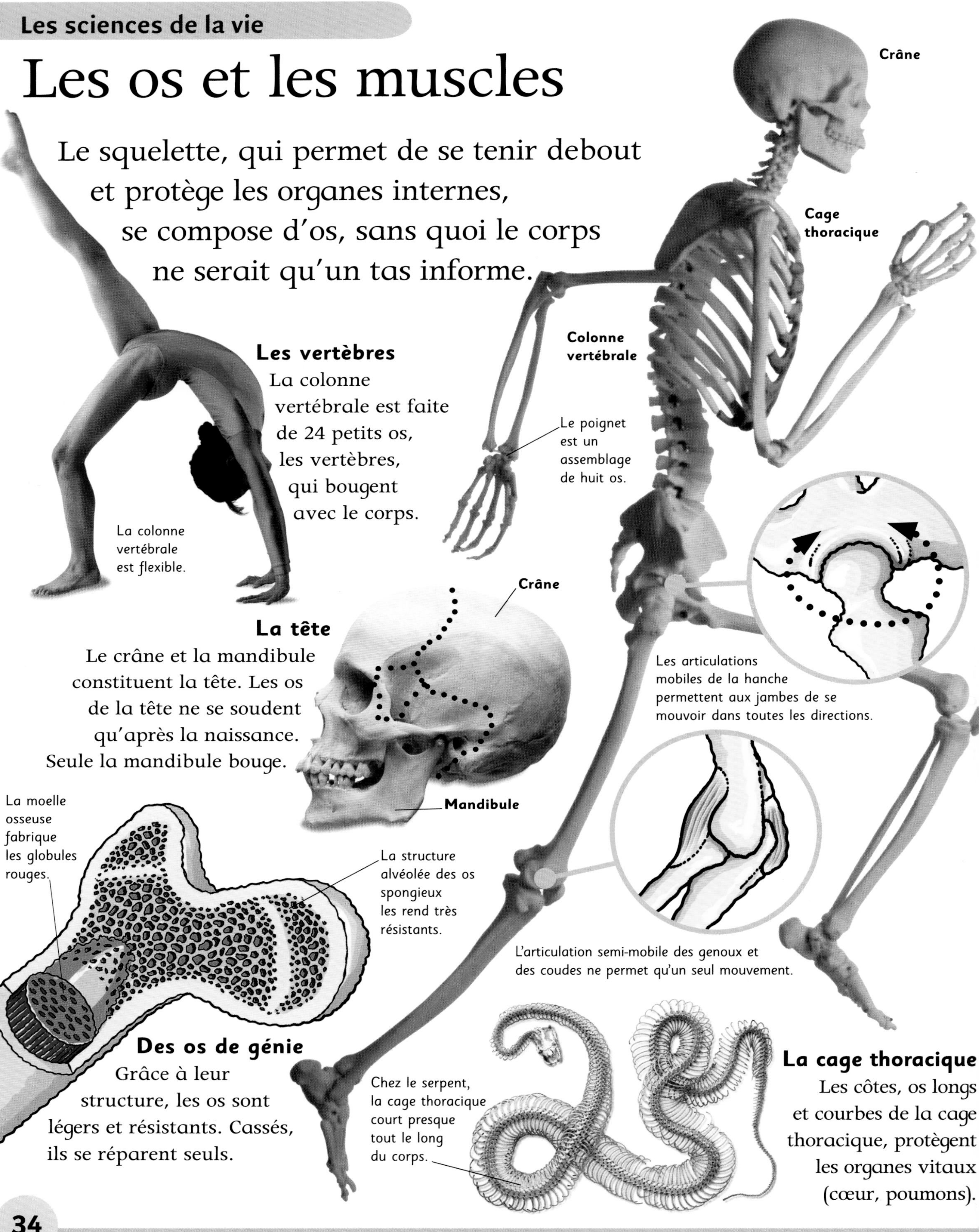

Les vertèbres

La colonne vertébrale est faite de 24 petits os, les vertèbres, qui bougent avec le corps.

La tête

Le crâne et la mandibule constituent la tête. Les os de la tête ne se soudent qu'après la naissance. Seule la mandibule bouge.

Des os de génie

Grâce à leur structure, les os sont légers et résistants. Cassés, ils se réparent seuls.

La cage thoracique

Les côtes, os longs et courbes de la cage thoracique, protègent les organes vitaux (cœur, poumons).

Combien d'os comporte le squelette d'un homme adulte ?

Des liens solides

La plupart des os sont reliés entre eux par des articulations mobiles qui permettent au squelette de bouger.

Le **pouce** peut bouger dans tous les sens, contrairement aux autres doigts.

La **cheville** peut faire de petits ronds et aller de bas en haut et de gauche à droite.

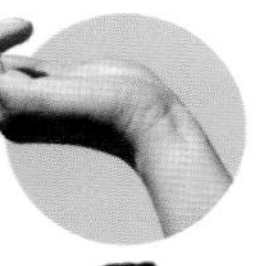

Le **poignet**, très souple, peut tourner, mais pas complètement.

Le **cou** permet à la tête de tourner à droite ou à gauche, et d'avant en arrière.

La magie des muscles

Les muscles sont des organes souples et extensibles.
Nous pouvons en contrôler certains (ceux des jambes ou des bras), mais d'autres comme celui du cœur travaillent tout seul, sans qu'on ait besoin de les commander.

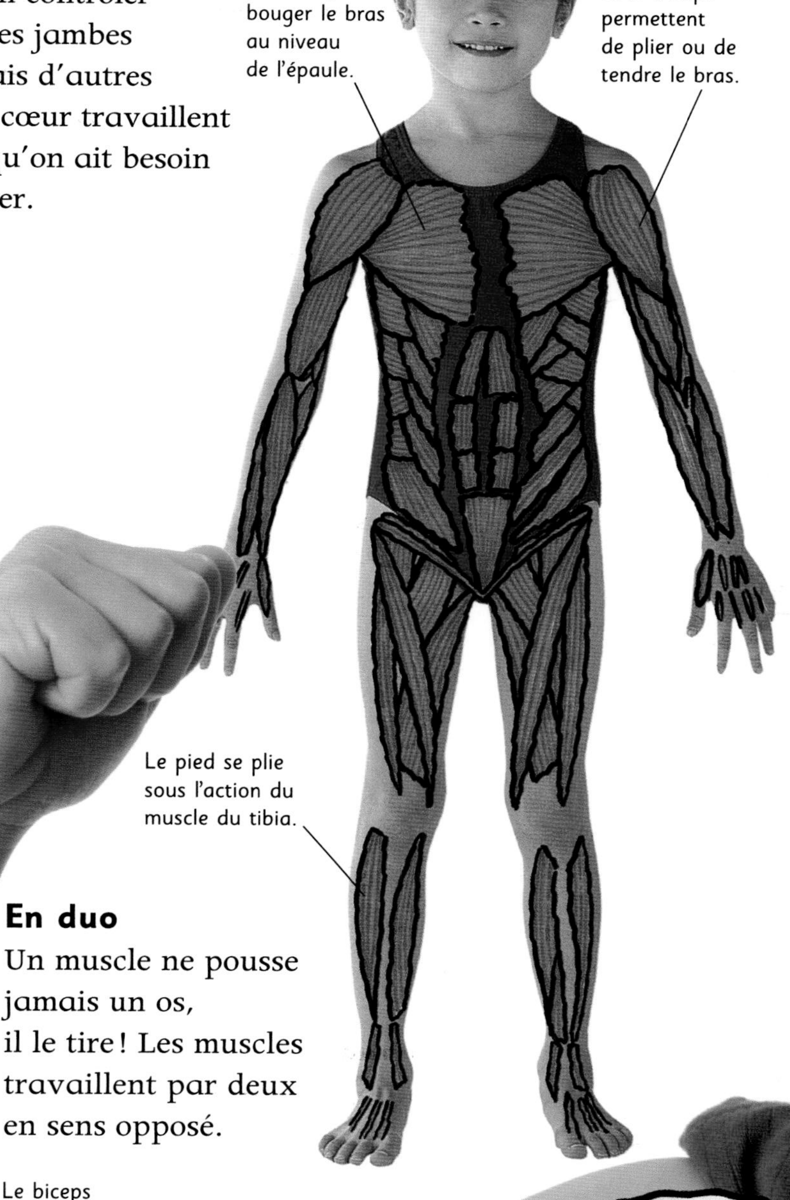

Drôles de têtes

Les muscles du visage sont attachés à la peau et aux os, ce qui permet de faire un grand nombre d'expressions et aussi de grimaces.

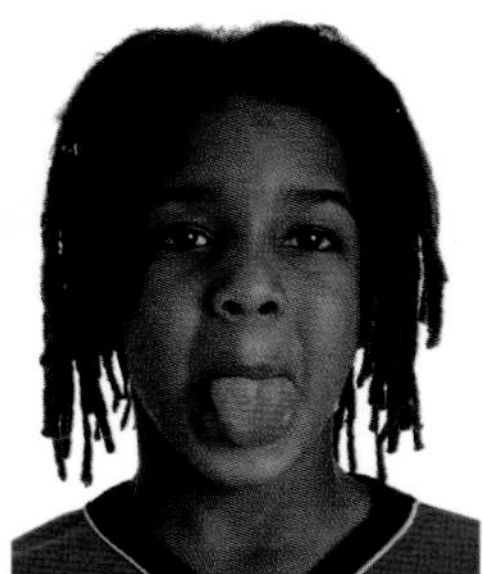

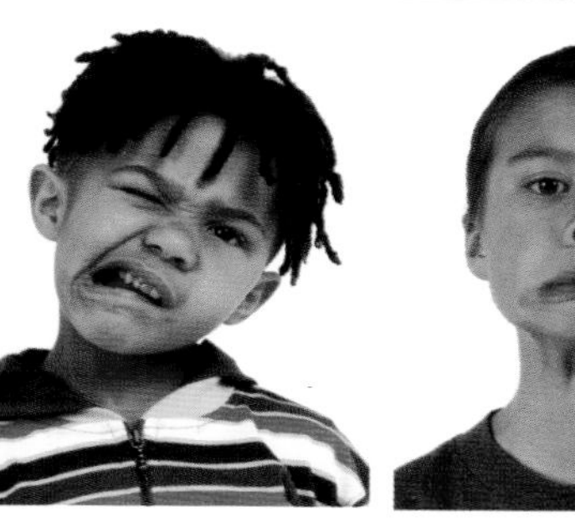

En duo

Un muscle ne pousse jamais un os, il le tire ! Les muscles travaillent par deux en sens opposé.

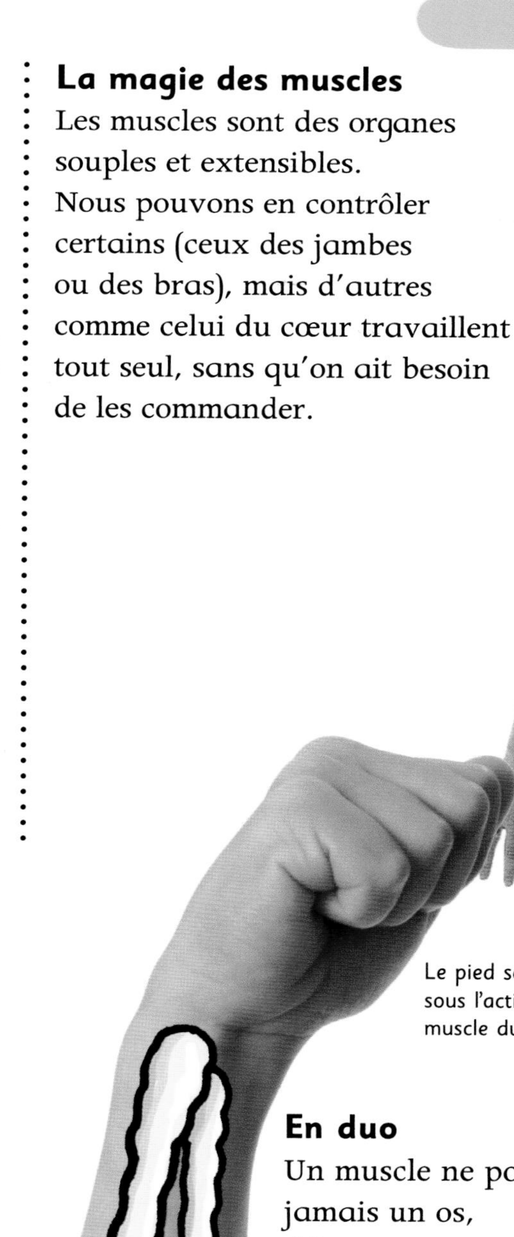

L'homme adulte a 206 os.

Le sang et la respiration

Toutes les 6 secondes environ, nous inspirons de l'air. Les poumons en prélèvent l'oxygène et l'envoient dans le sang, lequel le distribue à tout le corps.

Le liquide de la vie

Le sang est composé de trois sortes de cellules qui flottent dans un liquide, le plasma.

Les **globules rouges**, les cellules du sang les plus nombreuses, transportent l'oxygène.

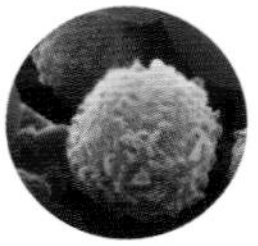

Les **globules blancs** font partie du système immunitaire : ces cellules combattent les maladies.

Les **plaquettes** cicatrisent les blessures. Elles font coaguler le sang.

La circulation sanguine

Le sang circule dans le corps à travers des tubes, les vaisseaux sanguins. Ceux qui partent du cœur sont les artères (en rouge sur le schéma) ; ceux qui vont vers le cœur sont les veines (en bleu).

Artère

Cœur

Veine

Les battements du cœur

À chaque battement, le cœur pompe le sang dans le corps. La moitié droite du cœur envoie le sang aux poumons et la moitié gauche au reste du corps.

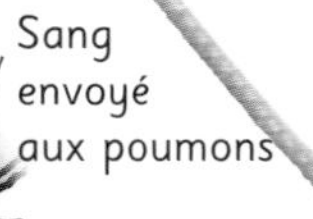

Sang envoyé dans tout le corps

Sang envoyé aux poumons

Sang venant des poumons

La partie droite du cœur envoie le sang aux poumons, où il fait le plein d'oxygène.

La partie gauche du cœur envoie le sang oxygéné aux organes et aux muscles.

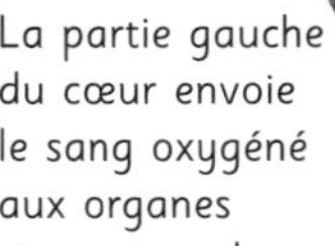

Sang venant des jambes

Sang envoyé aux jambes

Combien de fois le cœur d'un enfant bat-il par jour ?

Les poumons

Les poumons occupent presque toute la cage thoracique. Ils prélèvent l'oxygène de l'air et rejettent le dioxyde de carbone.

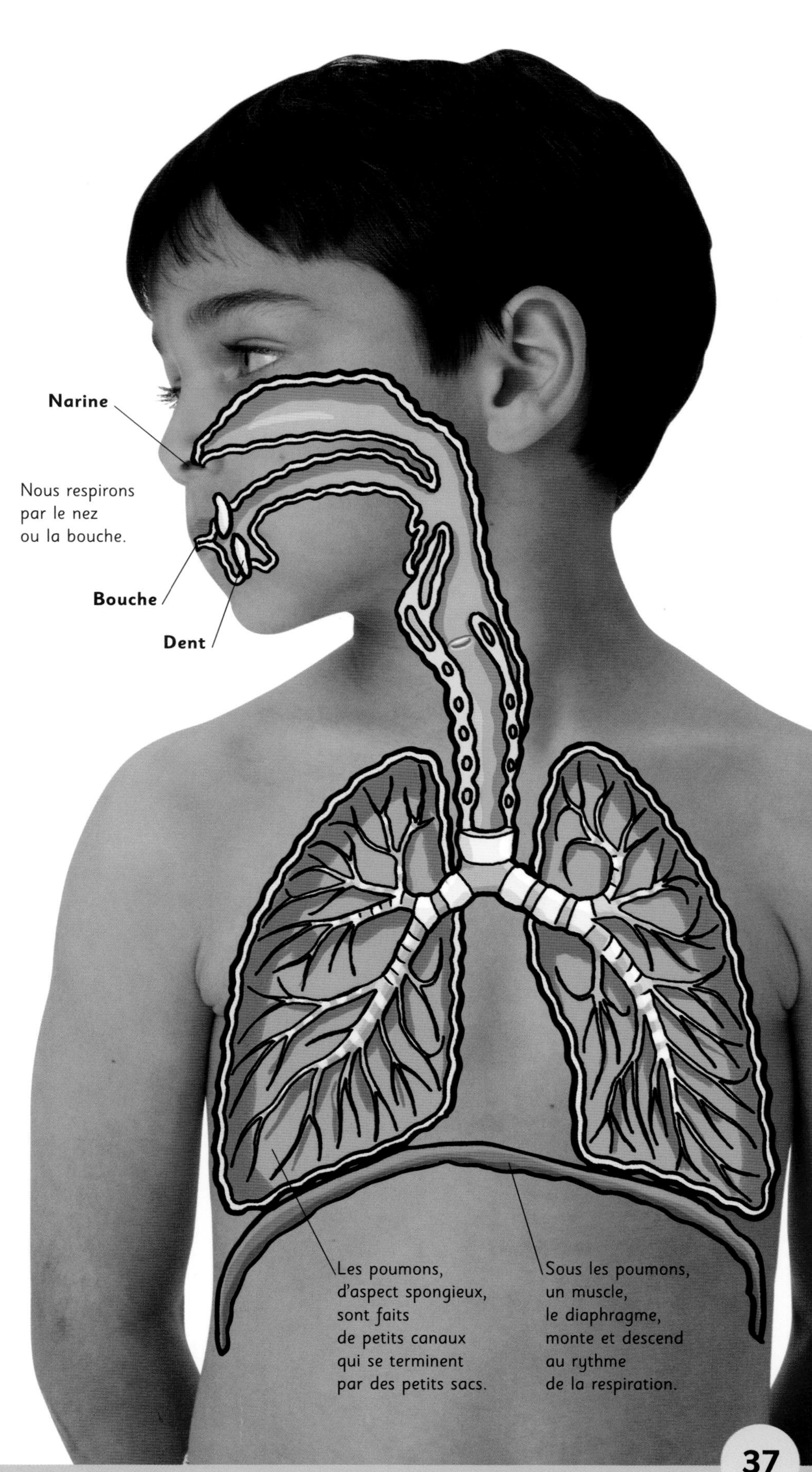

Respirer sans poumons

Certains animaux respirent sans poumons.

La grenouille absorbe l'oxygène par la peau – même sous l'eau.

Les insectes, comme la chenille, respirent par des trous, ou stigmates, disposés sur le corps.

À l'instar du requin, les poissons respirent par les branchies.

Le cœur d'un enfant bat entre 130 000 fois et 170 000 fois par jour.

La digestion

Où vont et que deviennent les aliments que nous mangeons ? Voici, étape après étape, leur extraordinaire voyage dans le corps.

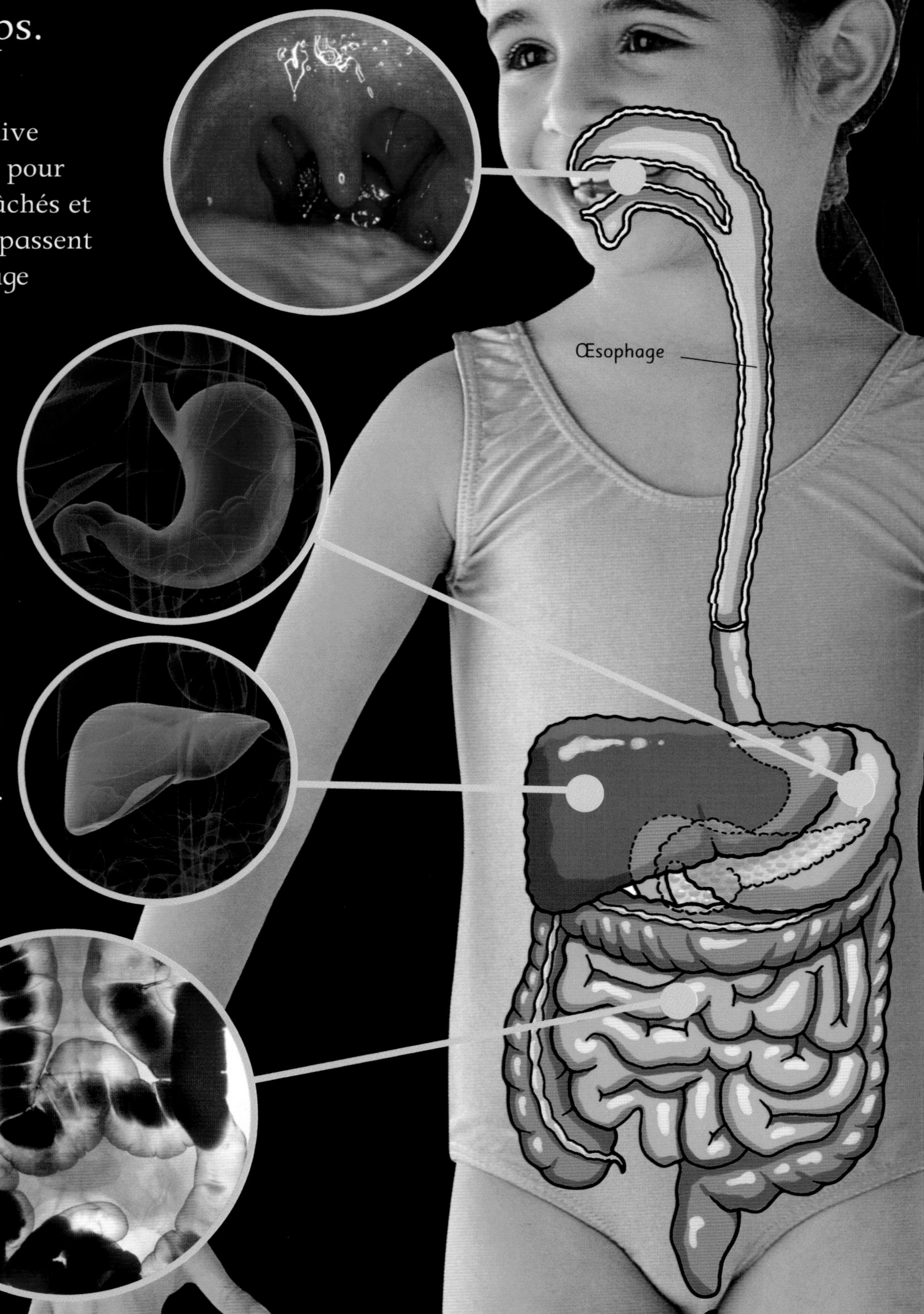

La bouche
C'est le départ ! La salive humidifie les aliments pour qu'ils puissent être mâchés et avalés facilement. Ils passent ensuite dans l'œsophage puis dans l'estomac.

L'estomac
Ici, des muscles les malaxent et de l'acide les transforme en une sorte de bouillie liquide, qui est ensuite éjectée vers les intestins.

Le foie
Le foie est un organe qui stocke des vitamines et du glucose (un sucre), pour fournir de l'énergie.

Les intestins
Les intestins ressemblent à un long tube enroulé. L'intestin grêle absorbe la bouillie et la fait passer dans le sang. Le gros intestin se charge des restes non digérés.

Lequel est le plus long, l'intestin grêle ou le gros intestin ?

La rumination

Les ruminants sont dotés d'un système digestif particulier, car l'herbe qu'ils mâchent est indigeste. Pour une digestion complète, leur estomac est composé de quatre poches, chacune ayant une fonction propre.

Bien se nourrir

Pour une bonne croissance et une bonne santé, le corps a besoin d'une nourriture saine, variée et équilibrée. Chaque aliment apporte au corps un ou plusieurs nutriments tels les glucides, les lipides, les protéines, les minéraux et les vitamines C.

Les sucres lents, ou **glucides**, sont présents dans le pain, les céréales et les pommes de terre.

Les graisses, ou **lipides**, donnent de l'énergie ; l'huile en contient.

Les protides, ou **protéines**, se trouvent dans les œufs, le poisson, la viande, les produits laitiers et les noix.

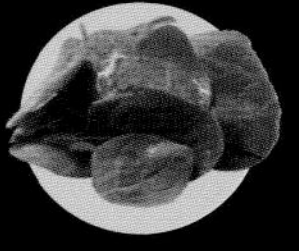

Les **minéraux**, comme le calcium et le fer, se trouvent dans certains légumes verts.

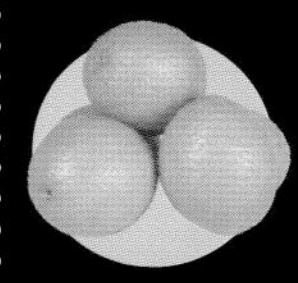

Les **vitamines**, comme la vitamine C, sont disponibles dans les fruits et les légumes frais.

Mangeurs de pierres

Certains oiseaux avalent du gravier. Les petites pierres aident la digestion en broyant la nourriture (souvent des graines) dans leur estomac.

Les reins

Les reins filtrent et nettoient le sang en le débarrassant des déchets toxiques ; ils absorbent également son excédent d'eau. Le liquide ainsi formé est l'urine.

Nous goûtons avec la langue, mais certains animaux ont d'autres méthodes : les papillons goûtent avec leurs pattes !

Des déchets évacués

L'urine descend dans la vessie ; les déchets du gros intestin vont dans le rectum. Quand la vessie et le rectum sont pleins, cela donne envie d'aller aux toilettes.

L'intestin grêle est le plus long.

La santé

Pour être en forme et le rester, il suffit de manger correctement, faire régulièrement de l'exercice et dormir suffisamment. Facile, non ?

5 par jour

Il faut manger au moins cinq portions de fruits et légumes par jour.

Un régime équilibré

Il est très important d'avoir une nourriture saine et variée. Il y a cinq grands groupes d'aliments, ils permettent tous au corps de rester en forme.

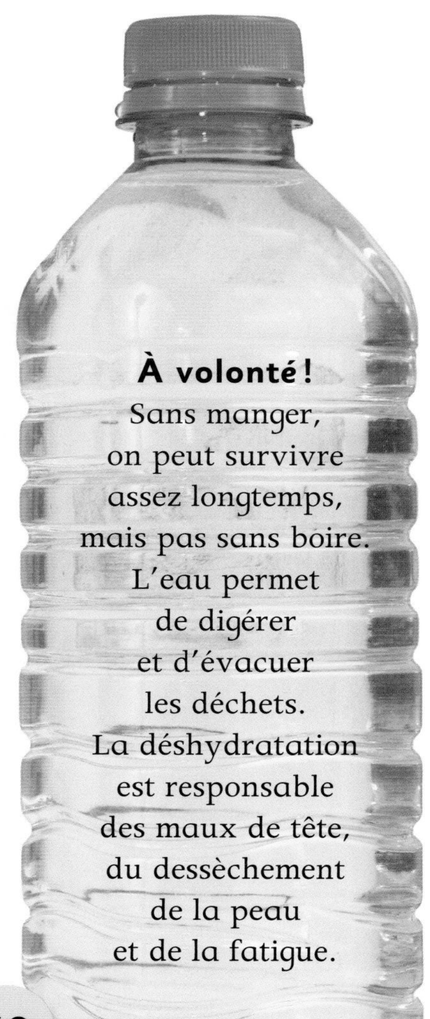

Il est vital de boire chaque jour de l'eau pour ne pas se déshydrater.

Quelle vitamine est fabriquée par la peau sous l'action du soleil ?

Idéalement, un enfant devrait faire 1 heure d'activité physique par jour.

La natation fait travailler tous les muscles du corps.

Vive le sport!

Faire du sport renforce les muscles, dont le cœur, tout en créant davantage d'endorphines, des substances chimiques qui soulagent la douleur et procurent du bien-être.

L'hygiène

La saleté contient des bactéries nocives, aussi est-il important de rester propre.

Se brosser les dents après chaque repas, matin, midi et soir.

Se doucher ou prendre des bains régulièrement.

Porter des habits propres chaque jour (surtout les sous-vêtements et les chaussettes).

Lire!

Être en bonne santé passe par le corps mais aussi par le cerveau! Pour stimuler celui-ci, rien de mieux que la lecture.

Glucides

Le pain, les pommes de terre et les pâtes fournissent de l'énergie au corps. Ils doivent représenter environ la moitié du régime alimentaire.

Beaucoup d'enfants s'endorment mieux avec un « doudou » à leurs côtés.

Le sommeil

Pendant le sommeil, le corps se repose et le cerveau se régénère. Les jeunes ont besoin de dormir davantage que leurs aînés.

Un enfant doit dormir entre 10 heures et 12 heures par nuit.

Pour en savoir plus

Les os et muscles, pages 34-35
La digestion, pages 38-39

La vitamine D, essentielle pour avoir des os solides.

Les chaînes alimentaires

Chaque espèce vivante a besoin de se nourrir et sert de nourriture à une autre. Cela s'appelle la chaîne alimentaire. Une même espèce appartient à plusieurs chaînes alimentaires.

Les décomposeurs
Au début et à la fin d'une chaîne alimentaire se trouvent les décomposeurs : les lombrics, les champignons et les bousiers se nourrissent du cadavre d'un animal ou des débris d'une plante et rejettent les nutriments dans le sol.

Les producteurs
Les plantes, ici les arbres et les herbes, tirent leur énergie du soleil. Ce sont des producteurs.

Les herbivores
Les animaux herbivores, comme l'impala, se nourrissent de végétaux. Ils ne mangent jamais d'animaux.

Quelle plante carnivore se nourrit de mouches et d'araignées ?

Les charognards

Les vautours, les hyènes et les pygargues à tête blanche ne chassent pas. Ce sont des charognards, ils préfèrent manger les restes d'animaux morts de cause naturelle ou laissés par ceux qui tuent pour vivre.

Les carnivores

Les animaux carnivores ne mangent que de la viande. Dans la savane africaine, ce sont, par exemple, le lion, le léopard et le guépard.

En mer

Plus on monte dans la chaîne alimentaire, moins il y a d'animaux. La mer abrite ainsi du plancton à profusion, beaucoup de poissons, quelques phoques et peu d'ours blancs.

Ours blanc

Phoque

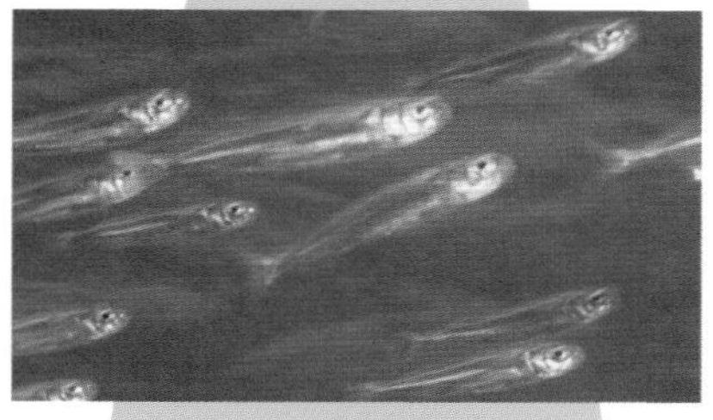

Poisson

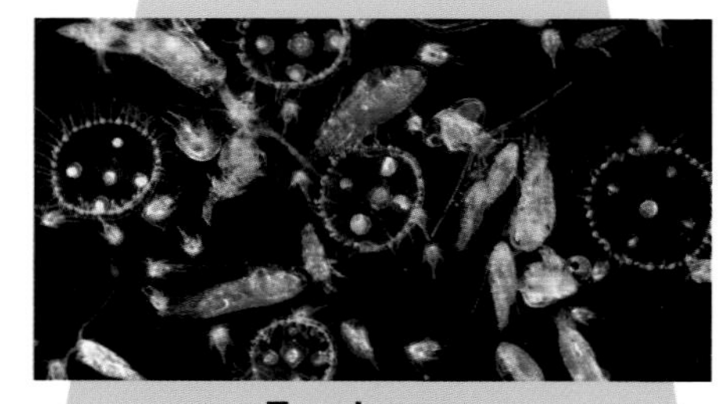

Zooplancton

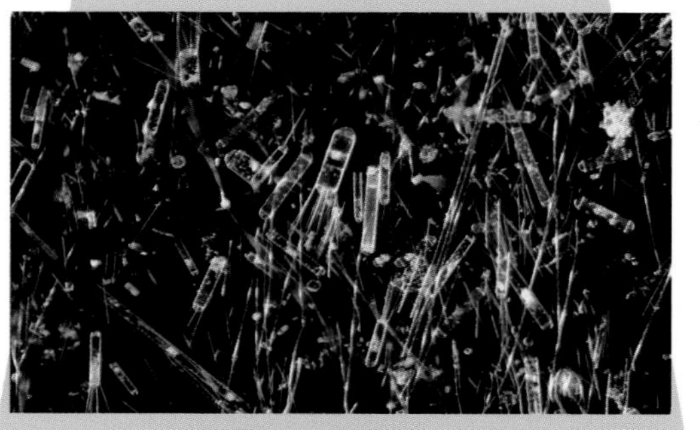

Phytoplancton

La dionée gobe-mouche.

Les écosystèmes

Les êtres vivants habitent dans des écosystèmes. Chaque écosystème est défini par un climat, un sol et une communauté de végétaux et d'animaux. Les océans et les déserts possèdent leurs propres écosystèmes.

Tout un monde

Le monde est partagé en plusieurs écosystèmes, où les animaux et les végétaux s'adaptent à des conditions de vie variées.

Les forêts

Les arbres poussent partout où il pleut suffisamment. Les forêts hébergent une faune et une flore nombreuses.

Les océans

Les océans couvrent plus de 70 % de la surface de la Terre. Ils contiennent des habitats très différents.

L'habitat

Un écosystème contient des habitats. Un habitat est un milieu naturel abritant un végétal ou un animal en particulier. Un arbre, voire une feuille, est un habitat.

Les cours d'eau

Les lacs, les fleuves, les rivières sont des écosystèmes composés d'eau douce. On en trouve un peu partout sur la Terre.

Pour en savoir plus
Vivre à tout prix, pages **46-47**
Le cycle du carbone, pages **50-51**

Les régions polaires et la toundra

Au pôle Nord et au pôle Sud, en Arctique et en Antarctique, le sol est gelé en permanence. Plus loin des pôles, il se réchauffe et cède la place à la toundra.

À part les forêts tropicales, peux-tu citer d'autres types de forêts ?

Les montagnes

Les conditions climatiques changent avec l'altitude. Une montagne comprend plusieurs écosystèmes.

Les bords de mer

En bord de mer, les écosystèmes sont à la fois marins et terrestres. Ils changent avec les marées.

Les grandes prairies

Ces prairies ont été le premier habitat de l'homme préhistorique. Aujourd'hui, y vivent les plus grands et les plus rapides des animaux terrestres.

Les déserts

Un désert peut être torride ou glacial, mais il est toujours sec. Il n'y pleut presque pas ; peu d'animaux et de végétaux peuvent survivre.

Les arbres offrent aux animaux un abri et de la nourriture sous forme de feuilles et de baies.

Les insectes se nourrissent de fleurs, tout en assurant leur pollinisation.

Vivre ensemble

La faune et la flore qui partagent un habitat particulier constituent une communauté. On y trouve des plantes, des animaux et d'autres organismes dépendant les uns des autres.

Une grenouille dépose ses œufs dans l'eau. Des têtards en sortent ; beaucoup seront mangés.

Les feuilles et le bois en décomposition abritent des champignons et de petits animaux (scarabées, limaces).

Les escargots broutent les feuilles et sont mangés par d'autres animaux.

Les fougères poussent en absorbant les nutriments du sol.

Les grenouilles gobent des insectes. Elles vivent aussi bien sur terre que dans l'eau.

Les forêts de conifères, les forêts de feuillus, les forêts équatoriales, etc.

Vivre à tout prix

Pour vivre, tous les animaux et tous les végétaux doivent trouver de la nourriture, de l'eau, un abri et de l'espace. Chaque espèce y parvient à sa manière.

Ensemble
Le poisson-clown et l'anémone de mer vivent ensemble et s'aident mutuellement. Pour se nourrir, l'anémone tue les poissons de ses tentacules urticants, seul le poisson-clown parvient à y survivre.

Le camouflage
Dans les prairies d'Afrique, la lionne s'approche de sa proie en se cachant dans les hautes herbes de la même couleur qu'elle. C'est le camouflage.

Oreillard tenant un papillon de nuit

Le chasseur nocturne
Les animaux nocturnes chassent la nuit. L'oreillard, une chauve-souris, lance des ultrasons pour détecter les insectes dans le noir. Si l'ultrason rencontre un insecte, cela crée un écho qui localise la proie.

Cet énorme lombric rassasie la musaraigne pour quelques heures, mais pas plus.

Jour et nuit
Certains animaux s'alimentent jour et nuit, à l'image de la musaraigne qui doit ingurgiter de 80 % à 90 % de son poids chaque jour. Ces animaux sont petits mais voraces.

Le ténia est un parasite. Où vit-il ?

Chaque année, la sterne arctique fait un aller-retour entre le pôle Nord et le pôle Sud.

Les parasites

Certains organismes, appelés parasites, vivent sur d'autres organismes ou à l'intérieur d'eux et s'en nourrissent. La chenille est un parasite des plantes.

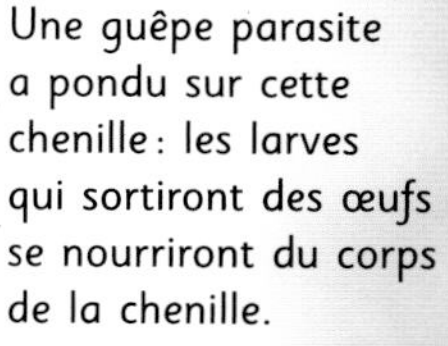

Une guêpe parasite a pondu sur cette chenille : les larves qui sortiront des œufs se nourriront du corps de la chenille.

Les grands voyageurs

Quand la nourriture et l'eau viennent à manquer ou qu'il fait trop froid, certains animaux quittent leur habitat (c'est la migration). Certaines espèces migrent chaque année.

Vivre en meute

Les loups vivent en groupe, ou meute. Cela offre plus de sécurité, et c'est aussi plus pratique pour chasser le gros gibier.

L'éléphant consacre 16 heures par jour à se nourrir.

Les bâtisseurs

Nombreux sont les animaux qui se construisent un refuge, à l'abri des prédateurs et du mauvais temps.

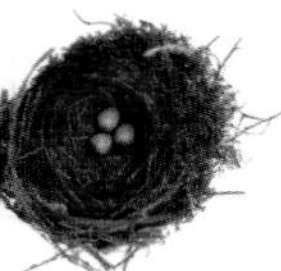

Les **oiseaux** font un nid de brindilles et de boue, souvent à l'abri des arbres.

Le **blaireau** et le **lapin** creusent un terrier dans le sol.

Au bord des rivières, le **castor** construit une hutte en bois avec une entrée sous l'eau.

Certaines **guêpes** mâchent du bois pour construire un nid de papier.

Grosse faim

L'éléphant a un gros appétit. Il peut abattre un arbre de sa trompe et en avaler toutes les feuilles et brindilles.

Dans le corps humain, où il se nourrit des aliments passant dans l'intestin.

Les cycles sur Terre

Tout, dans la nature, est recyclé. Pour vivre, les organismes vivants absorbent de l'oxygène, de l'azote, du carbone et de l'eau. À leur mort, ils se décomposent, laissant des substances réutilisables par d'autres.

Le cycle de l'azote

Tout ce qui vit a besoin d'azote. Les plantes tirent l'azote du sol et les animaux l'ingurgitent quand ils mangent des plantes. Quand les plantes et les animaux meurent, l'azote retourne dans le sol.

La nuit, mais aussi le jour, les végétaux absorbent de l'oxygène et rejettent du dioxyde de carbone.

DIOXYDE DE CARBONE

OXYGÈNE

Les bactéries jouent un grand rôle dans le cycle de l'azote, car elles le décomposent et le libèrent sous la forme de nitrates, assimilables par les végétaux.

L'azote est un gaz abondant dans l'air.

Bactéries

D'autres bactéries absorbent les nitrates et relâchent de l'azote dans l'air.

Les animaux et les plantes en décomposition libèrent de l'azote dans le sol.

Les herbivores mangent des plantes contenant des nitrates.

Y a-t-il davantage d'oxygène ou d'azote dans l'atmosphère ?

Le jour, les végétaux absorbent du dioxyde de carbone et rejettent de l'oxygène.

Les éclairs du ciel

Lors d'un orage, les éclairs créent des nitrates à partir de l'azote de l'air. Puis, avec la pluie, les nitrates tombent sur le sol et les végétaux les absorbent par leurs racines.

Le cycle de l'oxygène

Lors de la photosynthèse, l'oxygène est rejeté dans l'air par les plantes. Les animaux le prélèvent, ce qui permet de transformer les aliments en énergie. Dans l'eau, les algues et le plancton jouent le même rôle.

Les animaux inspirent de l'oxygène et expirent du dioxyde de carbone.

L'atmosphère est composée à 21 % d'oxygène et à 78 % d'azote.

Le cycle du carbone

Tous les organismes vivants contiennent du carbone. Nous en absorbons avec certains aliments, et, à chaque expiration, nous en rejetons sous forme de dioxyde de carbone. La matière en décomposition aussi en libère, parfois immédiatement, parfois des millions d'années plus tard comme dans les combustibles fossiles (pétrole, charbon).

De l'un à l'autre
Les végétaux verts absorbent le dioxyde de carbone de l'air et l'utilisent pour fabriquer leur nourriture, par exemple des glucides. En mangeant des végétaux, les animaux ingurgitent du carbone.

Les animaux
Tout comme ce mouton, les animaux mangent, respirent et rejettent des déchets, participant ainsi au cycle du carbone. Ils absorbent le carbone des végétaux dont ils se nourrissent et le libèrent dans l'air lors de l'expiration. À leur mort, leur cadavre libère encore plus de carbone.

Dioxyde de carbone de l'air

OXYGÈNE

DIOXYDE DE CARBONE

Les animaux herbivores absorbent le carbone des plantes.

Les animaux expirent du dioxyde de carbone.

DIOXYDE DE CARBONE LIBÉRÉ

CARBONE

Les déjections animales font également partie du cycle du carbone.

Il arrive que le carbone forme un cristal très dur. Quel est-il ?

Les fossoyeurs
Dans le sol, les vers de terre et les bactéries se nourrissent des végétaux et animaux morts. Ces «décomposeurs» sont essentiels au cycle du carbone.

Les déchets
Quand un animal meurt, son corps se décompose jusqu'à disparaître parfois complètement.

Drôle d'engrais
Chacun de nous a peut-être déjà eu du dinosaure en lui. En effet, comme tous les organismes vivants, les dinosaures ont produit des déchets et ceux-ci sont passés dans le cycle sans fin du carbone !

Les combustibles fossiles
Parfois, les restes des organismes morts ont été exposés à une pression et à une température extrêmes. Des millions d'années plus tard, ils se sont transformés en combustibles riches en carbone, comme le charbon et le pétrole.

La matière, c'est quoi ?

Tout ce qui nous entoure est fait de matière, même ce qui est invisible. Comme tout est différent, cela signifie que la matière peut prendre des formes variées.

Solide, liquide ou gaz

Les trois principaux états de la matière sont l'état solide, l'état liquide et l'état gazeux. Cet état dépend de la disposition et du degré d'agitation des particules qui composent la matière.

Les 4 états

Voici les quatre états de la matière.

Les **solides** ne changent pas de forme. La plupart, comme la roche, sont durs.

Les **liquides** prennent la forme du récipient qui les contient. Leur volume est fixe.

Les **gaz** n'ont pas de forme définie. Ils s'étalent pour remplir un récipient, comme ce ballon.

Le **plasma** existe à des températures excessivement hautes, comme à l'intérieur du Soleil.

Sur Terre, tout est solide, liquide ou gazeux.

La planète Terre

Le centre de la Terre est composé d'un noyau solide enveloppé d'une épaisse couche de roches en fusion (le manteau). La surface de la Terre est une croûte solide, surtout recouverte d'eau liquide, entourée d'une couche gazeuse (l'atmosphère).

L'être humain est-il fait de liquide, de solide ou de gaz ?

Qu'est-ce que c'est?
Les images ci-dessous sont des détails agrandis de photos figurant dans le chapitre « La science des matériaux ». Amuse-toi à les retrouver !

Le ballon d'air chaud
L'air chaud, plus léger que l'air froid, monte. Un ballon gonflé à l'air chaud devient ainsi plus léger que l'air environnant ; il s'élève avec ses passagers.

Le vide de l'espace
On appelle vide un lieu dépourvu de matière, même sous forme d'air. C'est le cas dans l'espace, entre deux planètes par exemple.

Dans l'espace, il fait froid et il n'y a pas d'oxygène à respirer : l'astronaute porte une combinaison spatiale.

Pour en savoir plus
Drôles d'atomes, pages **58-59**
L'Univers, pages **94-95**

Des trois : ses os sont solides, son sang est liquide et il respire un gaz, l'air.

Les propriétés de la matière

Quelles sont-elles...
Voici quelques-unes des propriétés de la matière.

Le **point d'ébullition** est la température à laquelle un liquide se transforme en gaz.

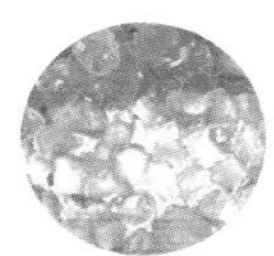

Le **point de congélation** est la température à laquelle un liquide se solidifie.

La **plasticité** détermine si un matériau est malléable et se façonne aisément.

La **conductivité** est la capacité à conduire la chaleur ou l'électricité.

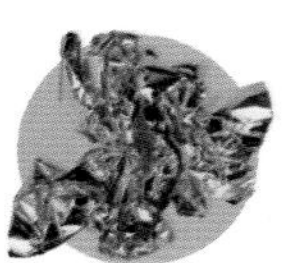

La **malléabilité** est la capacité à se laisser façonner sans casser.

La **résistance à la traction** est la capacité à résister à un étirement sans rompre.

L'**inflammabilité** indique comment et avec quelle rapidité un matériau s'enflamme.

La **réflexion** est la capacité à réfléchir la lumière. L'eau réfléchit bien la lumière.

La **transparence** d'un matériau est sa capacité à laisser passer la lumière.

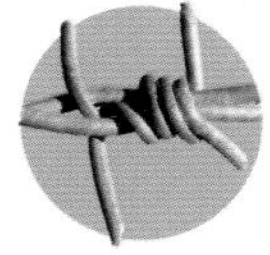

La **souplesse** d'un matériau est sa capacité à se plier.

La **solubilité** indique si une substance se dissout bien ou non dans un liquide.

Certains matériaux sont durs et friables, d'autres souples. Certains sont colorés, d'autres transparents. Ces qualités particulières sont appelées propriétés.

Le bouchon de liège flotte sur l'huile. L'huile flotte sur l'eau.

Une brique en plastique coule dans l'huile mais flotte sur l'eau.

Un oignon coule dans l'huile et dans l'eau mais flotte sur du sirop, lui-même plus dense que l'eau.

La flottabilité

Voici une expérience simple. La quantité de matière dans le volume (l'espace occupé) d'un solide, d'un liquide ou d'un gaz s'appelle la densité. Pour flotter, un objet ou un liquide doit avoir une densité plus faible que le liquide sur lequel il repose, sinon il coule.

Un bon isolant

Quand un matériau ne laisse pas passer la chaleur, on dit qu'il est « isolant ». C'est le cas de l'aérogel, capable de bloquer la chaleur d'une flamme. À ne pas expérimenter chez soi !

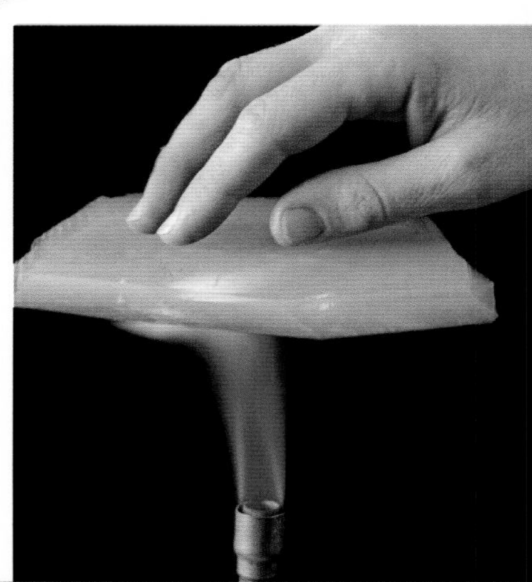

Le diamant est-il plus dur que le quartz ?

Pare-brise éclaté

La friabilité

Certains matériaux comme le verre sont très friables. Ils éclatent en morceaux au moindre projectile.

La compressibilité

Un gaz peut être comprimé : on peut en rajouter davantage dans un même volume. C'est ce qui se passe quand on gonfle le pneu d'un vélo.

Un gaz peut être comprimé car ses particules sont espacées. En gonflant un pneu, on rajoute du gaz et les particules se rapprochent les unes des autres.

La dureté

Friedrich Mohs, un géologue allemand, a classé dix minéraux selon une échelle de dureté. Par la suite, d'autres minéraux ont été ajoutés.

1 Talc — Le plus friable
2 Gypse
3 Calcite
4 Fluorine
5 Apatite
6 Orthose
7 Quartz
8 Topaze
9 Corindon
10 Diamant — Le plus dur des minéraux

Preuve en main

Ramasse différentes pierres et classe-les selon leur dureté. Une pierre qui en raye une autre est plus dure. C'est ainsi que Mohs a établi son échelle.

La viscosité

Certains liquides s'écoulent plus rapidement que d'autres. Cela dépend de leur épaisseur, ou viscosité. La lave d'un volcan s'écoule lentement, car elle est visqueuse.

Oui, car il raye le quartz.

Dans tous les états

Un solide suffisamment chauffé fond et se liquéfie. Un liquide suffisamment refroidi gèle et se solidifie. Ces transformations, appelées changements d'état, concernent tous les matériaux.

Le métal liquide

À une certaine température, lorsque leurs points d'ébullition ou de fusion sont atteints, les matériaux changent d'état. À température normale, la plupart des métaux sont solides, sauf le mercure, dont le point de fusion est si bas qu'il n'existe que sous forme liquide (comme dans les vieux thermomètres).

Les changements d'état de l'eau

L'eau existe sous forme solide (la glace dans le congélateur), liquide (l'eau du bain) ou gazeuse (la vapeur d'eau qui s'élève au-dessus de la casserole sur le feu).

La glace est de l'eau solide. Elle apparaît quand, sous l'action du froid, l'eau gèle. Chaque glaçon a une structure précise.

Sous l'action de la chaleur, la glace fond et se liquéfie en eau. Elle épouse alors la forme du récipient qui la contient.

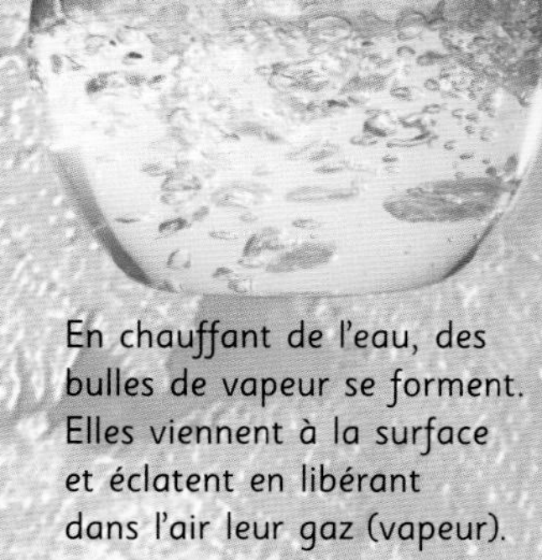

En chauffant de l'eau, des bulles de vapeur se forment. Elles viennent à la surface et éclatent en libérant dans l'air leur gaz (vapeur).

La condensation

En refroidissant dans l'air, la vapeur d'eau se change en eau liquide. C'est la condensation (phénomène visible sur une bouteille froide).

En touchant la bouteille froide, la vapeur d'eau contenue dans l'air se condense et des gouttelettes apparaissent.

Des rivières de fer

Pour fabriquer un objet en fer, il faut d'abord faire fondre du fer à très haute température. Une fois liquide, il est versé dans un moule où il refroidit et se solidifie.

Pourquoi, une fois dans la bouche, le chocolat devient-il mou et gluant ?

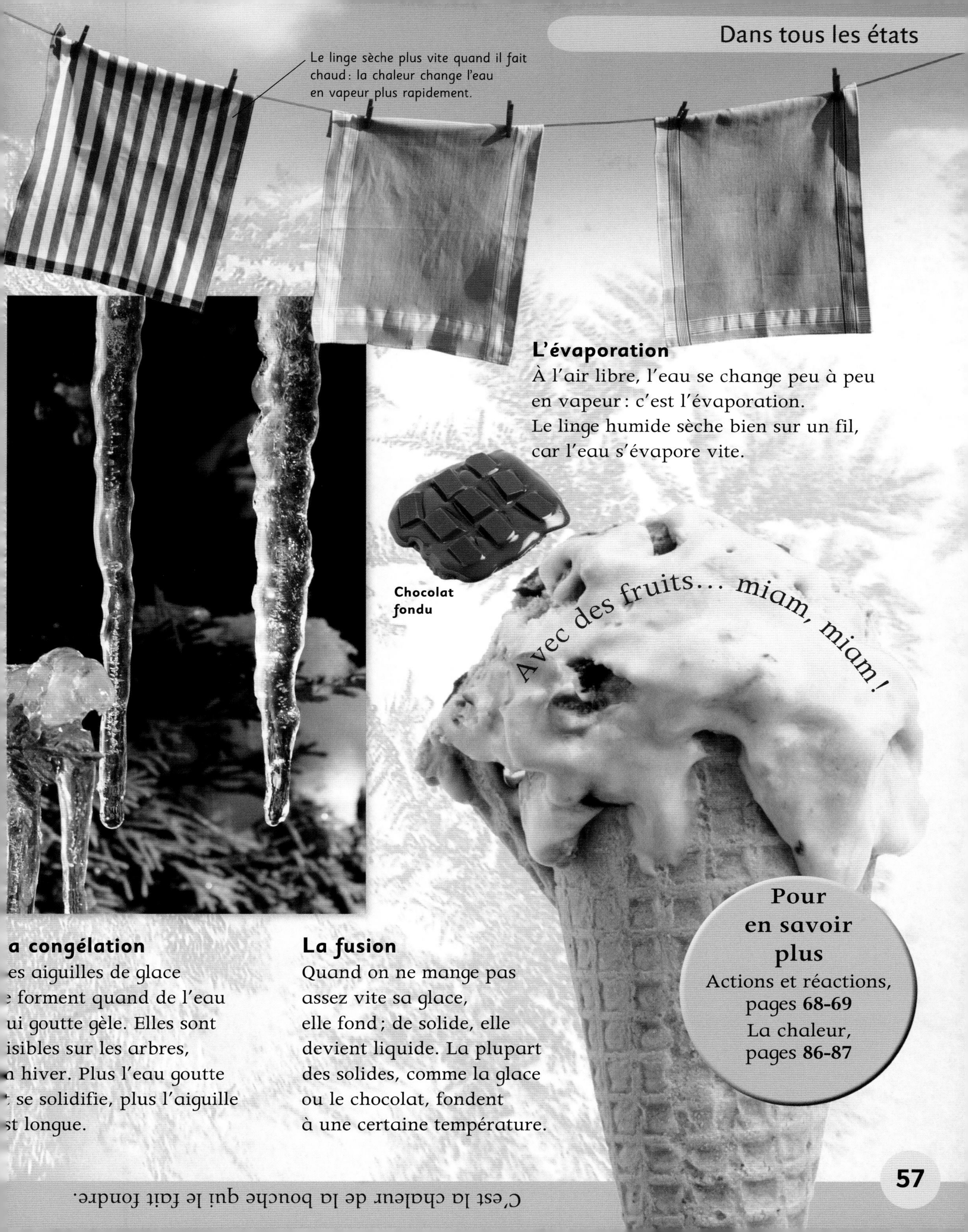

L'évaporation
À l'air libre, l'eau se change peu à peu en vapeur : c'est l'évaporation. Le linge humide sèche bien sur un fil, car l'eau s'évapore vite.

a congélation
es aiguilles de glace
forment quand de l'eau
ui goutte gèle. Elles sont
isibles sur les arbres,
ı hiver. Plus l'eau goutte
se solidifie, plus l'aiguille
st longue.

La fusion
Quand on ne mange pas assez vite sa glace, elle fond ; de solide, elle devient liquide. La plupart des solides, comme la glace ou le chocolat, fondent à une certaine température.

Pour en savoir plus
Actions et réactions, pages **68-69**
La chaleur, pages **86-87**

C'est la chaleur de la bouche qui le fait fondre.

Drôles d'atomes

Si l'on cherchait à diviser un objet en morceaux de plus en plus petits, il viendrait un moment où ceux-ci seraient indivisibles ; ces plus petits morceaux restants s'appellent les atomes. Tout est constitué de ces microscopiques atomes.

À l'intérieur d'un atome

Il existe trois types de particules dans un atome : les protons et les neutrons, qui constituent le noyau de l'atome, et les électrons, qui gravitent autour du noyau.

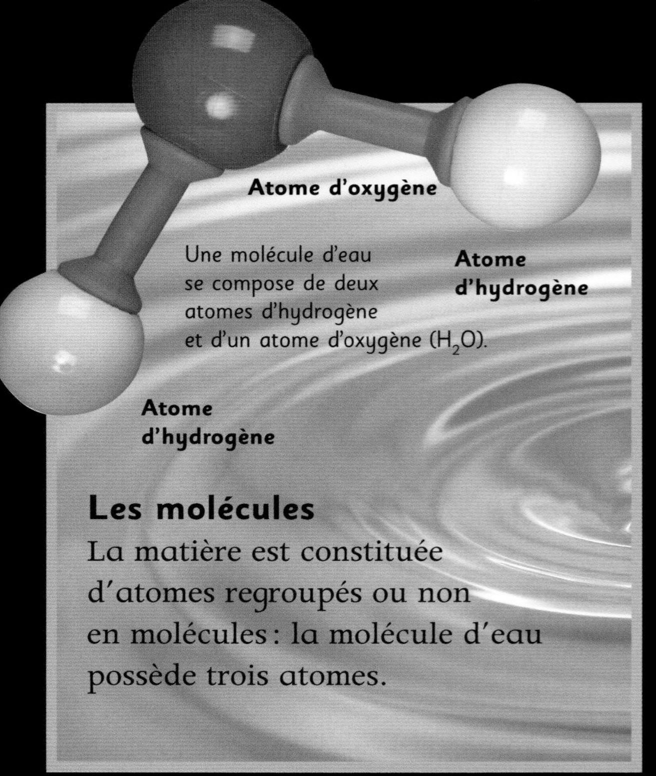

Une molécule d'eau se compose de deux atomes d'hydrogène et d'un atome d'oxygène (H_2O).

Les molécules

La matière est constituée d'atomes regroupés ou non en molécules : la molécule d'eau possède trois atomes.

Le nombre d'or

Le nombre de protons contenu dans un atome donne le numéro atomique. Celui de l'or est 79, car chaque atome d'or renferme 79 protons.

Combien d'atomes possède une goutte d'eau ?

L'huile de tournesol provient de graines de tournesol.

Grosses molécules

Dans les substances naturelles, comme l'huile végétale, les atomes se groupent en chaînes et créent de grandes molécules. Ainsi, dans l'huile de tournesol, chaque molécule contient 50 atomes.

Incroyable!

Un atome, c'est surtout de l'espace vide. Si un atome était aussi grand qu'un terrain de foot, son noyau serait petit comme une bille.

En explosant, une bombe atomique crée un « champignon » colossal.

La puissance atomique

En se cassant, le noyau d'un atome libère une immense quantité d'énergie. Cette énergie, dite « atomique », est utilisée dans les centrales nucléaires pour produire de l'électricité, mais aussi pour fabriquer des bombes dévastatrices.

Environ 5 sextillions, soit 5×10^{36} (5 000 000 000 000 000 000 000 000 000 000 000 000).

Les molécules

À l'intérieur de la plupart des matériaux, les atomes s'assemblent en petits groupes appelés molécules. Selon la forme des molécules et leur agencement, les matériaux se comportent de manière différente.

À toute vapeur !

Les molécules sont toujours en mouvement. Avec la chaleur, elles s'agitent dans tous les sens de plus en plus vite. Ainsi, si l'on chauffe de l'eau, les molécules s'agitent tant qu'elles finissent par s'échapper dans l'air sous forme de vapeur.

Les nuages sont composés de millions de gouttelettes d'eau. Ils apparaissent quand la vapeur d'eau se liquéfie en refroidissant.

Des cristaux réguliers

Avec le froid, les molécules se déplacent plus lentement et se rassemblent volontiers. Quand l'eau gèle, elles s'agencent sous forme de cristaux.

La neige ressemble à de la poudre blanche. En réalité, elle est constituée de milliers de cristaux de glace transparents.

La **fusion** : avec la chaleur, les molécules d'un solide s'agitent tant qu'elles se séparent les unes des autres et bougent séparément. Le solide devient liquide.

La **solidification** : en refroidissant, les molécules d'un liquide bougent plus lentement et finissent par s'assembler. Le liquide devient solide.

Solide

Liquide

Un liquide versé dans un récipient adopte la forme de celui-ci et reste en place.

Les diamants font des bijoux quasi indestructibles.

Le diamant

Le diamant est le plus dur de tous les matériaux naturels connus. Sa dureté est liée à l'agencement de ses cinq atomes de carbone : chacun d'eux est relié très solidement aux quatre autres.

Dans un diamant, chaque groupe de cinq atomes de carbone est assemblé en une pyramide, donnant ainsi une résistance extraordinaire.

Pour en savoir plus

Dans tous les états, pages **56-57**
Roches et minéraux, pages **104-105**

Le graphite

Comme le diamant, le graphite est composé d'atomes de carbone, mais leur agencement donne un matériau mou.

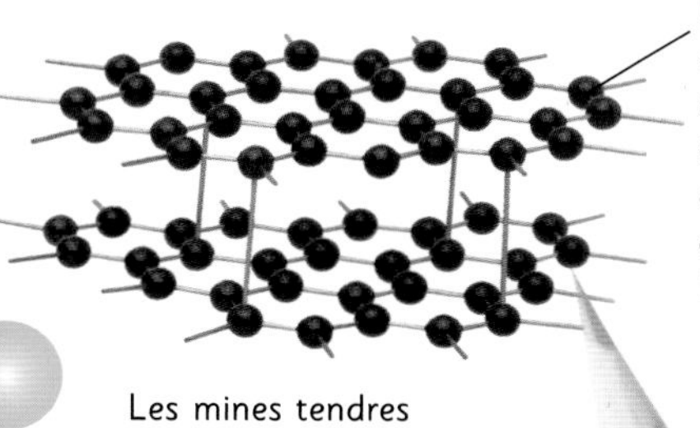

Le graphite est mou, car les atomes de carbone liés chacun à trois autres atomes de carbone forment des couches qui glissent les unes sur les autres.

Les mines tendres des crayons à papier sont en graphite.

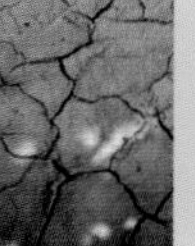

L'**évaporation** : les molécules d'un liquide chauffé s'agitent intensément, s'échappent dans l'air et passent à l'état de gaz.

La **condensation** : avec le froid, les molécules d'un gaz s'agitent moins et se rassemblent, elles deviennent liquides.

Les molécules de gaz se répandent pour remplir n'importe quel récipient : si on ôte le couvercle, il se répand dans l'air.

Oui, en le brûlant.

Les éléments

Un élément chimique est composé d'un seul type d'atome, défini par son numéro atomique. Les scientifiques ont répertorié 117 éléments; le tableau ci-contre, appelé «tableau périodique des éléments», présente les principaux.

Le tableau périodique des éléments chimiques

Dans ce tableau, les éléments sont classés selon leur numéro atomique. Le premier est l'hydrogène. Les éléments ayant des points communs forment un groupe, signalé par une couleur.

1	2	3	4	5	6	7	8	9
H HYDROGÈNE 1								
Li LITHIUM 3	Be BÉRYLLIUM 4							
Na SODIUM 11	Mg MAGNÉSIUM 12							
K POTASSIUM 19	Ca CALCIUM 20	Sc SCANDIUM 21	Ti TITANE 22	V VANADIUM 23	Cr CHROME 24	Mn MANGANÈSE 25	FE FER 26	Co COBALT 27
Rb RUBIDIUM 37	Sr STRONTIUM 38	Y YTTRIUM 39	Zr ZIRCONIUM 40	Nb NIOBIUM 41	Mo MOLYBDÈNE 42	Tc TECHNÉTIUM 43	Ru RUTHÉNIUM 44	Rh RHODIUM 45
Cs CÉSIUM 55	Ba BARYUM 56	La-Lu LANTHANIDES ou TERRES RARES 57-71	Hf HAFNIUM 72	Ta TANTALE 73	W TUNGSTÈNE 74	Re RHÉNIUM 75	Os OSMIUM 76	Ir IRIDIUM 77
Fr FRANCIUM 87	Ra RADIUM 88	Ac-Lr ACTINIDES ou MÉTAUX LOURDS RADIOACTIFS 89-103	Rf RUTHERFORDIUM 104	Db DUBNIUM 105	Sg SEABORGIUM 106	Bh BOHRIUM 107	Hs HASSIUM 108	Mt MEITNÉRIUM 109

Chaque colonne forme un groupe, ou famille d'éléments. Certains groupes partagent des propriétés similaires, pour d'autres, les points communs sont moins nombreux.

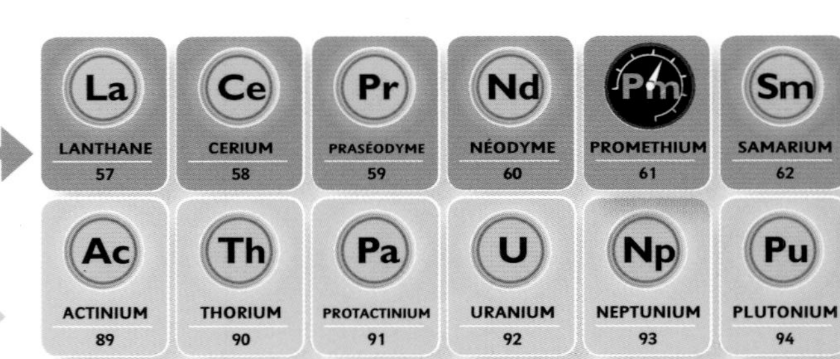

La LANTHANE 57	Ce CERIUM 58	Pr PRASÉODYME 59	Nd NÉODYME 60	Pm PROMETHIUM 61	Sm SAMARIUM 62
Ac ACTINIUM 89	Th THORIUM 90	Pa PROTACTINIUM 91	U URANIUM 92	Np NEPTUNIUM 93	Pu PLUTONIUM 94

Le lait contient du calcium, un élément qui consolide les dents et les os.

Ce seau est en fer galvanisé : l'élément fer est recouvert d'une couche de zinc, un élément anti-rouille.

Métal ou non-métal

La plupart des éléments sont des métaux (argent, aluminium, zinc, etc.). Les autres sont des non-métaux (carbone, oxygène, silicium, etc.). Un métal est souvent solide, brillant et dur; il est un bon conducteur de l'électricité et de la chaleur.

Quel élément trouve-t-on dans le plus la bombe atomique?

Tous les éléments ont un nom, un symbole défini par une ou deux lettres, et un numéro atomique. Celui-ci indique le nombre de protons contenus dans l'atome d'un élément.

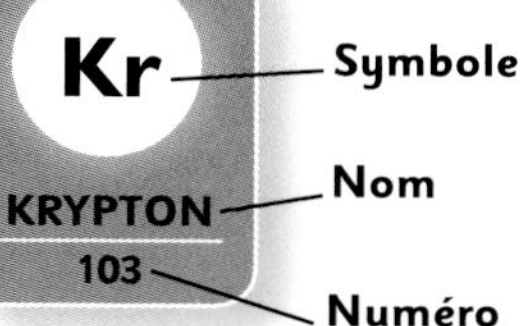

L'oxygène est un gaz vital. Nous l'absorbons quand nous inspirons.

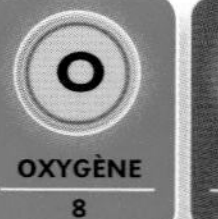

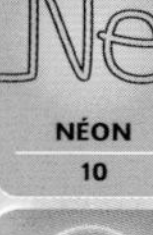

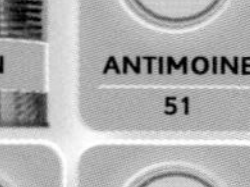

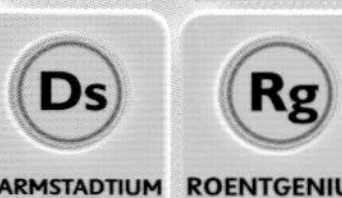

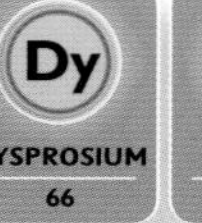

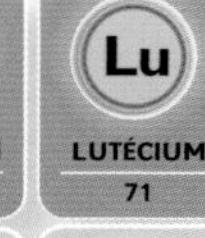

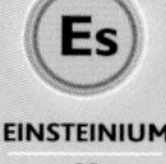

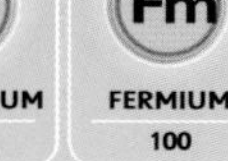
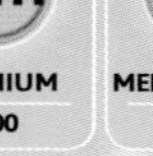

10	11	12	13	14	15	16	17	18
								He HÉLIUM 2
			B BORE 5	C CARBONE 6	N AZOTE 7	O OXYGÈNE 8	F FLUOR 9	Ne NÉON 10
			Al ALUMINIUM 13	Si SILICIUM 14	P PHOSPHORE 15	S SOUFRE 16	Cl CHLORE 17	Ar ARGON 18
Ni NICKEL 28	Cu CUIVRE 29	Zn ZINC 30	Ga GALLIUM 31	Ge GERMANIUM 32	As ARSENIC 33	Se SÉLÉNIUM 34	Br BROME 35	Kr KRYPTON 36
Pd PALLADIUM 46	Ag ARGENT 47	Cd CADMIUM 48	In INDIUM 49	Sn ÉTAIN 50	Sb ANTIMOINE 51	Te TELLURE 52	I IODE 53	Xe XÉNON 54
Pt PLATINE 78	Au OR 79	Hg MERCURE 80	Tl THALLIUM 81	Pb PLOMB 82	Bi BISMUTH 83	Po POLONIUM 84	At ASTATE 85	Rn RADON 86
Ds DARMSTADTIUM 110	Rg ROENTGENIUM 111							

Eu EUROPIUM 63	Gd GADOLINIUM 64	Tb TERBIUM 65	Dy DYSPROSIUM 66	Ho HOMIUM 67	Er ERBIUM 68	Tm THULIUM 69	Yb YTTERBIUM 70	Lu LUTÉCIUM 71
Am AMÉRICIUM 95	Cm CURIUM 96	Bk BERKELIUM 97	Cf CALIFORNIUM 98	Es EINSTEINIUM 99	Fm FERMIUM 100	Md MENDELEVIUM 101	No NOBELIUM 102	Lr LAWRENCIUM 103

Les groupes d'éléments

Métaux alcalins De couleur argentée; sont très réactifs.

Métaux alcalino-terreux Brillants et gris-blanc; sont réactifs.

Métaux de transition Résistants; points d'ébullition et de fusion élevés.

Lanthanides En général, métaux argentés, brillants et mous.

Actinides Métaux lourds radioactifs.

Métaux pauvres Mous et peu résistants.

Non-métaux À température ambiante, deviennent en général des gaz; très fragiles à l'état solide.

Halogènes Non-métaux hautement réactifs et dangereux.

Gaz nobles Non-métaux; les moins réactifs de tous les éléments.

Pour en savoir plus

Les propriétés des éléments, pages **64-65**

L'électricité, pages **76-77**

Des éléments utiles

Les éléments entrent dans la composition de nombreux objets de la vie courante.

L'**or** est un métal précieux; utilisé en joaillerie.

Le **cuivre** est un métal bon conducteur d'électricité; présent dans les fils électriques.

Le **silicium** n'est pas un métal; utilisé dans les puces informatiques.

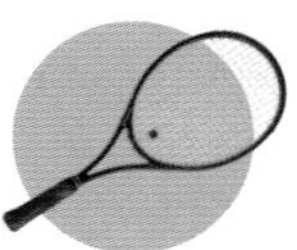

Les fibres en **carbone** sont légères et résistantes; parfaites pour créer des raquettes de tennis.

Le **fer** est un métal argenté résistant et magnétique; multiples usages.

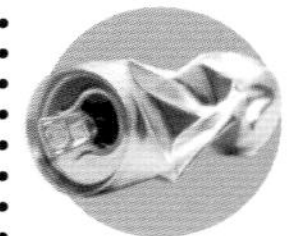

L'**aluminium** est un métal argenté mou; présent dans les canettes de soda.

Le **soufre** est un non-métal jaunâtre; renforce le caoutchouc des pneus.

Le **titanium** est un métal léger; présent en petites quantités dans les avions.

L'**hélium** est plus léger (moins dense) que l'air; sert à gonfler les ballons.

Le **chlore** est un gaz verdâtre; présent dans l'eau de Javel et certains plastiques.

Le **mercure** est un métal liquide; abondant dans les couronnes dentaires.

Le plutonium.

Les propriétés des éléments

Les éléments chimiques ayant des propriétés similaires forment un groupe. Dans certains groupes, les éléments réagissent facilement au contact d'autres éléments, ce qui crée de nouveaux composés. Dans d'autres, les éléments sont vraiment peu réactifs.

Les métaux alcalins

Ces métaux sont mous, légers et très réactifs aux autres substances. L'eau, par exemple, peut les faire pétiller et éclater avec violence. Le sodium est un métal alcalin : sa réaction avec le chlore donne le chlorure de sodium, le sel de cuisine.

Les métaux de transition

Ce groupe comprend les métaux usuels connus.

L'**argent** entre dans la composition des médailles, des bijoux et des couverts de cuisine.

Le **zinc** empêche d'autres métaux de rouiller ; il est utilisé pour les piles.

Le **nickel** ne ternit pas ; il se trouve en quantité dans les pièces de monnaie argentée.

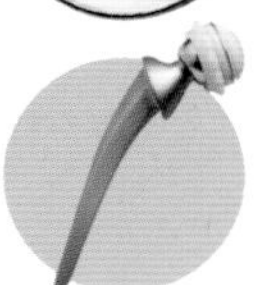

Le **titanium** est léger et incroyablement résistant ; en chirurgie, il permet de réparer les os et les articulations.

Qu'est-ce qu'un métal de transition ?

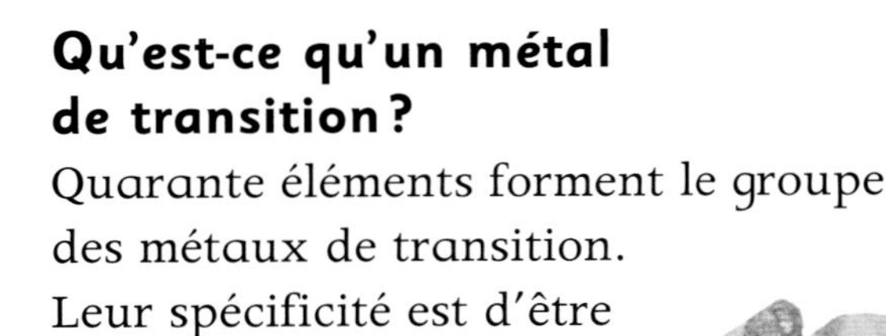

Quarante éléments forment le groupe des métaux de transition. Leur spécificité est d'être solides, brillants et durs. L'or, l'argent et le platine en font partie.

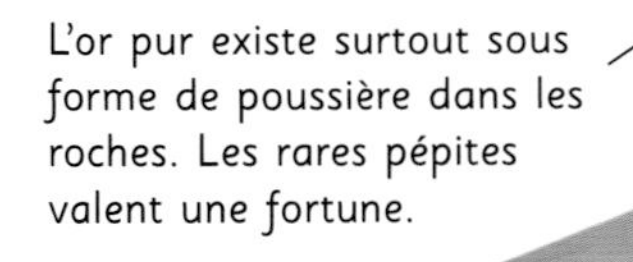

L'or pur existe surtout sous forme de poussière dans les roches. Les rares pépites valent une fortune.

Les métaux précieux se conservent longtemps, car ils réagissent peu au contact d'autres éléments. L'or est l'un des éléments les moins réactifs.

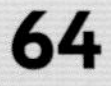

Quel élément est aussi le métal précieux le plus cher ?

Le calcium est un métal alcalino-terreux rencontré sous la forme de carbonate de calcium dans les coquillages.

Les lumières de ce feu d'artifice sont dues à la combustion du magnésium.

Les métaux alcalino-terreux

Cinq éléments, dont le magnésium et le calcium, forment le groupe des métaux alcalino-terreux. Tout comme les métaux alcalins, ils sont mous et légers. Ils sont très réactifs (un peu moins avec l'eau) et se lient très facilement à d'autres éléments.

Les gaz nobles

Au nombre de six, ces gaz sont peu réactifs, car inertes : ils ne se lient avec aucun autre élément. Deux d'entre eux sont le néon et l'argon, présents dans les lasers et les lumières colorées.

Les métaux pauvres

Mous et fragiles, les éléments de ce groupe sont pourtant utiles : l'étain, le plomb et l'aluminium sont des métaux pauvres.

Une boîte de conserve est en aluminium enrobé d'une fine couche d'étain.

Le chlore sent fort et pique les yeux.

Les halogènes

Les halogènes comprennent cinq éléments, fortement réactifs. Le chlore est l'un des plus connus. Mélangé à l'eau de la piscine, il tue les microbes.

Le rhodium. Il vaut environ 10 fois plus cher que l'or.

Mélanges et composés

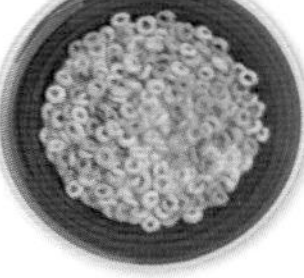
Mélange de céréales et de lait

Lorsque deux ou plusieurs éléments réagissent ensemble et s'unissent, ils forment un composé. S'il s'agit de substances chimiques simplement mélangées, on parle de mélange. Il est plus facile de séparer les particules d'un mélange que d'un composé.

Le Colorado, en Arizona, aux États-Unis

Éléments en suspension

Un fleuve boueux est un mélange dit « en suspension ». Les fines particules de terre en suspension dans l'eau lui donnent une couleur brunâtre.

L'alliage

Il est possible de faire fondre différents métaux et de les mélanger. On obtient alors un alliage, aux propriétés autres que celles des métaux d'origine. Ce broc est en métal blanc, un alliage d'étain et de plomb, plus solide que l'étain ou le plomb.

Broc en métal blanc

Formation de sel au bord de la mer Morte, en Jordanie

Eau (solvant) + Molécule dissoute (soluté) = Solution aqueuse

La solution aqueuse

Si l'on mélange du sucre dans de l'eau, les molécules de sucre se dispersent entre les molécules d'eau : le sucre semble disparaître. Le sucre (le soluté) s'est dissous dans l'eau (le solvant). Le mélange s'appelle solution – bien qu'il y ait eu dissolution. La mer est une solution d'eau et de sel : si l'eau de mer s'évapore, il reste du sel.

Comment obtient-on un œuf dur ?

Pour faire du fromage, il faut d'abord séparer le lait.

Séparer des composés

Obtenir les éléments purs d'un composé n'est pas une mince affaire. Pour avoir le fer pur d'un oxyde de fer, il faut extraire l'oxygène du fer. Cela se fait dans un haut-fourneau.

Minerai de fer (roche riche en oxyde de fer)

Fer pur

Séparer des mélanges

Il existe plusieurs procédés de séparation. Leur choix dépend de ce que l'on veut préparer.

L'**évaporation** extrait l'eau d'un mélange en la transformant en gaz (vapeur d'eau).

La **filtration** retient les particules solides d'un liquide, comme dans une cafetière.

La **centrifugation**, par un effet de rotation très rapide, dissocie les liquides des solides, comme dans un sèche-linge.

La **distillation** sépare les liquides en les faisant évaporer puis condenser.

Lait

Fraises à la crème

La séparation du lait

Pour obtenir du lait écrémé, on sépare le lait de la crème avec une grosse centrifugeuse. Le lait, plus lourd, tourne et se disjoint de la crème, plus légère, qui reste au centre de la machine.

Avec la cuisson, l'eau contenue dans le blanc s'évapore et le blanc durcit.

Les réactions chimiques

Quand les atomes des molécules se réorganisent pour former un nouveau type de molécule, il y a un changement chimique appelé « réaction chimique ». Si les molécules restent les mêmes, on parle de simple « changement physique ».

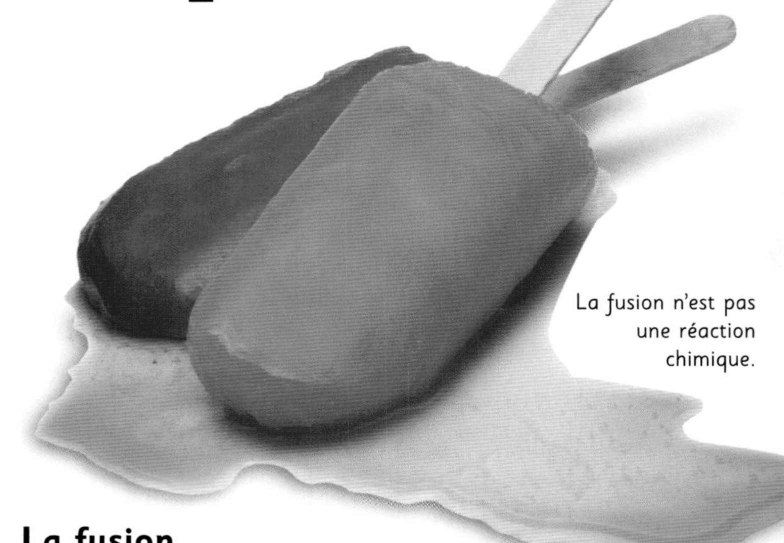

La fusion n'est pas une réaction chimique.

La fusion

Quand une glace fond, les atomes des molécules d'eau ne se réorganisent pas en de nouvelles molécules. Ils continuent de former des molécules d'eau. La fusion n'est qu'un simple changement physique.

La combustion

Le feu provient d'une réaction chimique. Avec la chaleur, les atomes du bois se réorganisent en nouvelles molécules qui produisent de l'énergie (le bois chauffe et rougit) et des flammes.

La combustion est une réaction chimique.

Une pluie d'étincelles

Le cierge magique contient des substances chimiques qui, par réaction chimique au feu, libèrent de l'énergie sous forme de chaleur et de lumière.

Quelle réaction chimique rend un objet en argent terne et sans éclat ?

Une réaction accélérée

Les carottes se ramollissent avec la cuisson, car la chaleur entraîne une réaction chimique. Couper les carottes en rondelles démultiplie les zones de contact avec l'eau chaude et accélère la cuisson.

Des carottes coupées en rondelles cuisent plus vite que des carottes entières.

Ça brille !

Le collier lumineux brille grâce à une réaction chimique qui libère de l'énergie lumineuse. Pour prolonger sa durée de vie, il suffit de le ranger au réfrigérateur, où le froid ralentit la réaction.

Soda volcanique !

Si on jette des pastilles de menthe dans une boisson gazeuse, celle-ci se transforme en mousse et sort en geyser. Le gaz dissout dans l'eau se change beaucoup plus vite que d'habitude en milliers de bulles au contact de la surface poreuse des pastilles : il s'agit davantage d'un changement physique que d'une réaction chimique.

Preuve en main !

Demande à un adulte de faire bouillir du chou rouge et conserve l'eau. Laisse refroidir, puis ajoute du vinaigre (un acide) ou de la levure (une base). As-tu les mêmes couleurs ?

Le ternissement, une réaction chimique entre les atomes d'argent et les atomes d'oxygène de l'ai

C'est irréversible !

Veste en Nylon

Les changements physiques, comme la congélation, sont faciles à inverser : il suffit de faire fondre des glaçons pour obtenir de l'eau liquide. En revanche, la plupart des réactions chimiques ne sont pas réversibles, car elles créent de nouvelles molécules.

Les matières artificielles

Une réaction chimique peut engendrer une nouvelle matière, absente dans la nature. Par exemple, le Nylon est un tissu à base de pétrole. De nombreux vêtements, chaussettes ou manteaux, sont en Nylon.

La cuisson

Lors de la cuisson, la chaleur déclenche des réactions chimiques irréversibles. Un gâteau mis à refroidir ne revient jamais à l'état de pâte à gâteau informe et gluante.

La levure

La levure permet d'obtenir des gâteaux légers et moelleux. Elle contient des substances chimiques qui, au contact de l'eau, produisent des bulles de gaz.

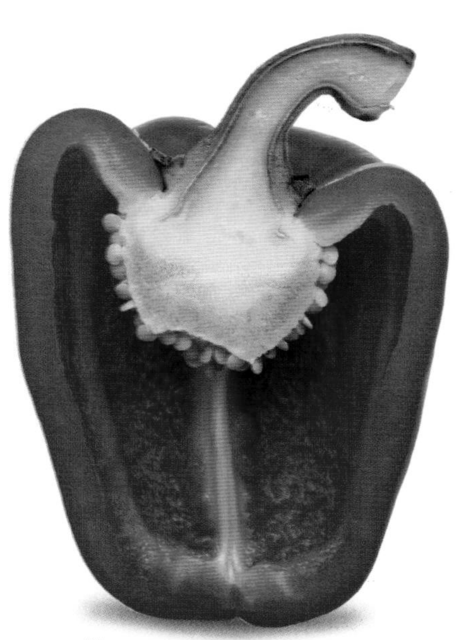

Un poivron frais est charnu et de couleur vive.

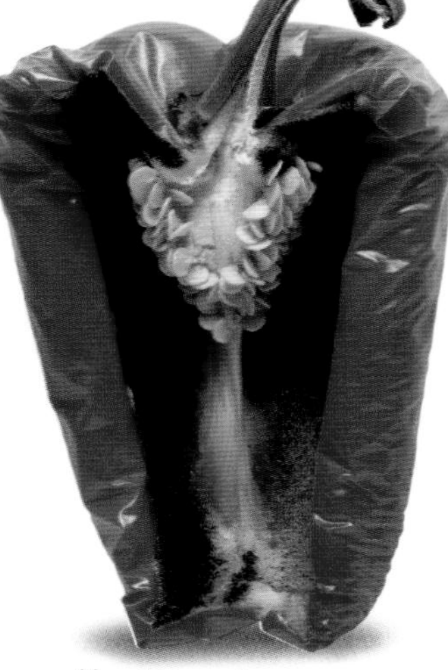

Un vieux poivron flétrit et se noircit.

La pourriture

Un aliment avarié contient de microscopiques organismes, bactéries et champignons, qui déclenchent des réactions chimiques irréversibles – la pourriture – en cassant les molécules alimentaires.

Pourquoi conserve-t-on les aliments frais au frigo ?

Les feuilles d’automne

En automne, l’érable perd ses feuilles. Auparavant, elles seront passées du vert au doré, à l’orange ou au rouge. Ces couleurs sont dues à une réaction chimique qui détruit le pigment vert – la chlorophylle – contenu dans les feuilles.

Quand elles meurent, les feuilles de l’érable deviennent orange.

Pour en savoir plus

Plantes et végétaux, pages **20-21**

Les écosystèmes, pages **44-45**

Solide comme un roc

Le béton est un mélange de gravier, de sable, de ciment en poudre et d’eau. La réaction chimique entre l’eau et le ciment durcit le mélange. Le béton obtenu est solide comme la pierre et sert notamment à élever des barrages.

La rouille

Le fer réagit chimiquement au contact de l’oxygène de l’air, créant un composé brunâtre qui s’écaille : la rouille. La carrosserie des voitures se dégraderait rapidement sans leur couche de peinture protectrice.

Le froid ralentit la prolifération des bactéries, et donc de la pourriture.

L'énergie, c'est quoi ?

L'énergie rend toute chose possible. Grâce à elle, les voitures roulent, les maisons sont éclairées, et des milliers de tâches s'accomplissent chaque jour dans le monde. Notre corps aussi a besoin d'énergie pour fonctionner correctement.

L'énergie du soleil

Nous tirons en grande partie notre énergie du soleil. Les végétaux absorbent l'énergie solaire et la stockent sous forme d'énergie chimique. Nos aliments contiennent une partie de cette énergie, que nous utilisons, comme tous les autres organismes vivants, pour vivre.

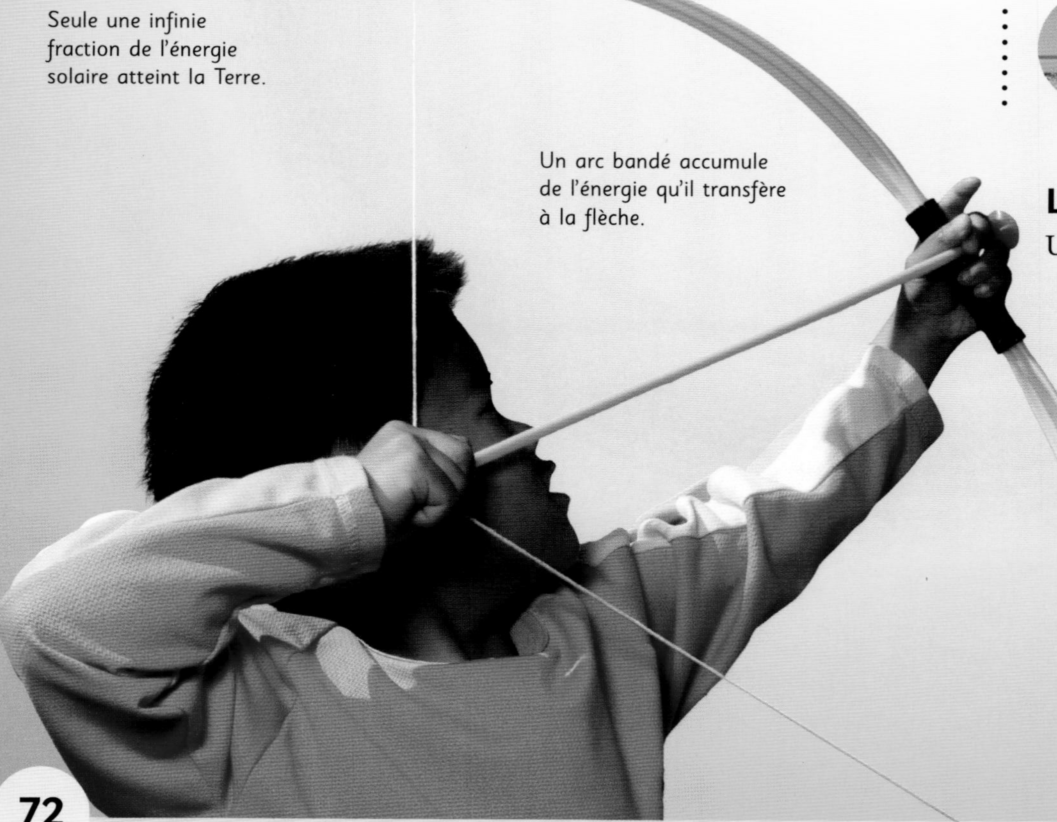

Seule une infinie fraction de l'énergie solaire atteint la Terre.

Un arc bandé accumule de l'énergie qu'il transfère à la flèche.

Les sources d'énergie

L'énergie a des origines variées. En voici quelques-unes, naturelles ou non.

Le **vent** fait tourner les éoliennes ; l'énergie du mouvement est convertie en électricité.

L'énergie géothermique provient de la **chaleur du sous-sol** de la Terre.

Les **végétaux** brûlés fournissent de l'énergie servant à cuisiner, se chauffer et s'éclairer.

La force des **vagues** peut produire de l'électricité.

Un **barrage** absorbe l'énergie des cours d'eau pour créer de l'électricité.

L'énergie lumineuse du **soleil** est convertie en électricité au moyen de panneaux solaires.

Les **combustibles fossiles** (le pétrole) alimentent le moteur des voitures et fournissent de l'électricité.

L'énergie potentielle

Un objet peut stocker de l'énergie et l'utiliser plus tard. On parle alors d'énergie potentielle, car elle a la possibilité d'être utilisée. Si on remonte un jouet mécanique, l'énergie potentielle est stockée dans le ressort ; si on bande un arc, elle se trouve dans la branche de l'arc.

L'énergie est-elle détruite après utilisation ?

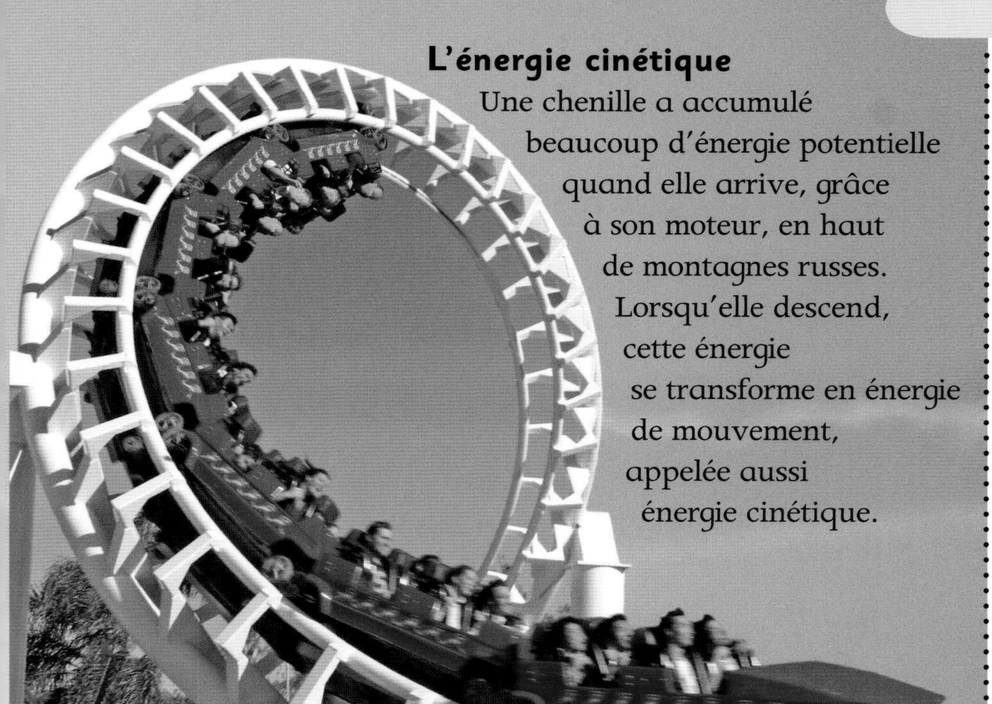

L'énergie cinétique

Une chenille a accumulé beaucoup d'énergie potentielle quand elle arrive, grâce à son moteur, en haut de montagnes russes. Lorsqu'elle descend, cette énergie se transforme en énergie de mouvement, appelée aussi énergie cinétique.

Qu'est-ce que c'est?

Les images ci-dessous sont des détails agrandis de photos figurant dans le chapitre « Les sciences physiques ». Amuse-toi à les retrouver !

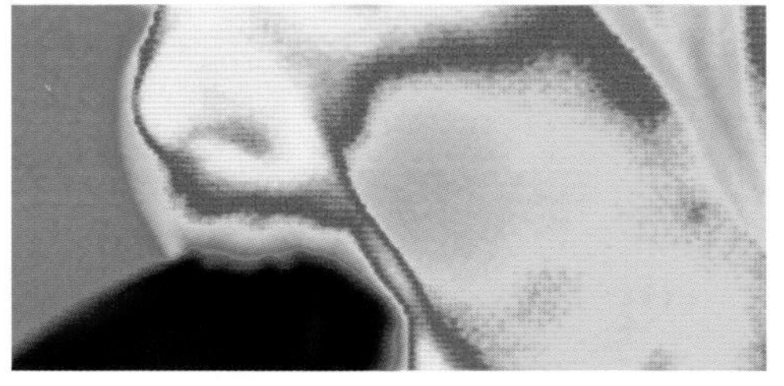

L'énergie nucléaire

La matière est composée de microscopiques atomes, dont le noyau emmagasine d'énormes quantités d'énergie dite nucléaire. L'énergie nucléaire est convertie en électricité dans les centrales nucléaires.

L'énergie statique

La foudre est due à l'énergie statique concentrée dans un nuage d'orage. En se libérant, elle se transforme en chaleur et en énergie lumineuse, l'éclair, et produit un son, le tonnerre.

Pour en savoir plus
La lumière, pages **82-83**
La chaleur, pages **86-87**

Non, elle devient une autre forme d'énergie.

Énergies en chaîne

L'énergie a plus d'un tour dans son sac : elle peut se transformer facilement d'une forme à une autre. Chacun l'expérimente au quotidien : allumer une lampe, c'est convertir de l'énergie électrique en énergie lumineuse.

Des réactions en chaîne

Voici un exemple de chaîne énergétique où l'on voit bien les transformations successives de l'énergie, ou comment on obtient de l'électricité avec du charbon.

Le charbon contient de l'énergie chimique.

En brûlant, il libère de la chaleur (énergie thermique), qui chauffe l'eau. L'eau bouillante libère de la vapeur d'eau.

Le courant de vapeur d'eau actionne les turbines (énergie de mouvement, dite cinétique).

L'énergie cinétique est convertie en énergie électrique.

Les appareils électriques (la télévision) changent l'énergie électrique en lumière, en chaleur et en son.

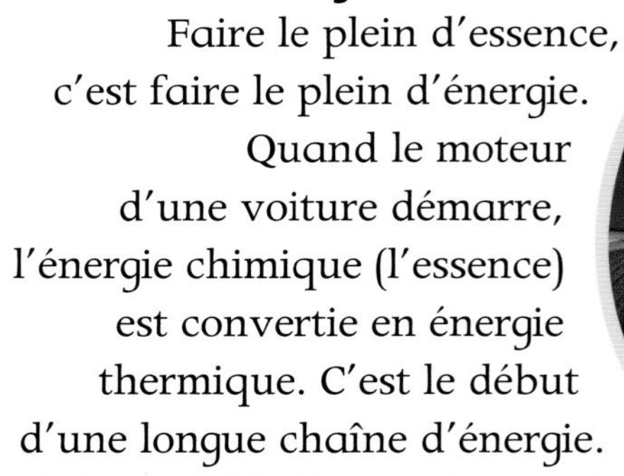

La force motrice

Faire le plein d'essence, c'est faire le plein d'énergie. Quand le moteur d'une voiture démarre, l'énergie chimique (l'essence) est convertie en énergie thermique. C'est le début d'une longue chaîne d'énergie.

De la chaleur au son

Un peu d'énergie thermique se convertit en énergie sonore. Le bruit du moteur d'une voiture de course peut rendre sourd !

Comment s'appellent les sources d'énergie comme le charbon, le pétrole et le gaz ?

Courants d'énergie

L'énergie circule dans les fils électriques sous forme de courants d'électricité. Dans ce circuit, l'énergie électrique provient de l'énergie chimique stockée dans les piles.

Ne pas gaspiller !

L'énergie est précieuse. Voici quelques idées ingénieuses permettant d'en utiliser moins.

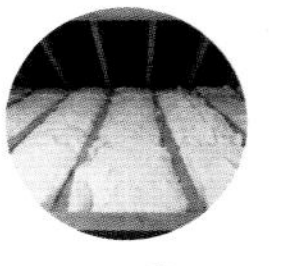

L'**isolation** des toits et des fenêtres empêche les fuites de chaleur.

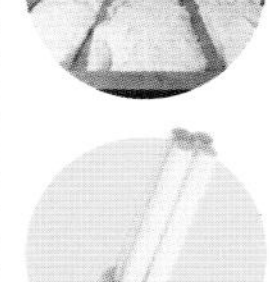

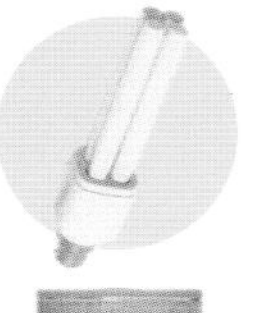

Les **ampoules à basse consommation** d'énergie durent plus longtemps et consomment moins.

Les **lessives à basse température** sont moins gourmandes en énergie.

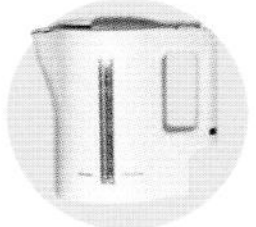

Ne **jamais faire bouillir plus d'eau** que nécessaire : c'est de l'énergie et du temps en plus !

En avant !

En bougeant, les pistons du moteur convertissent une part de l'énergie thermique en énergie cinétique. Le mouvement de la voiture est aussi dû à l'énergie cinétique.

Ça chauffe !

Dans les roues, l'énergie cinétique se change en partie en énergie thermique. Les zones les plus chaudes sont en blanc et en jaune.

Pour en savoir plus

L'énergie, c'est quoi ? pages **72-73**

Les ressources du sol, pages **110-111**

L'électricité

Une énergie très puissante permet d'allumer les appareils et les objets de la vie courante, comme la télévision, l'ordinateur ou l'ampoule. Cette énergie, c'est l'électricité.

Un long voyage

Avant d'arriver dans les maisons, l'électricité circule dans de gros câbles électriques. Certains, aériens, sont suspendus à des pylônes, d'autres sont enfouis dans le sol.

La fabrication de l'électricité

L'électricité est de l'énergie produite à partir d'une source d'énergie comme le charbon, le gaz, le pétrole, le vent ou la lumière solaire. L'énergie du vent fait tourner les pales des éoliennes, ce qui fait tourner ces turbines qui produisent l'électricité.

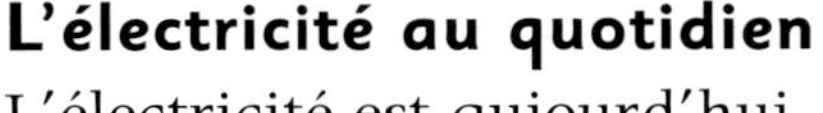

L'électricité au quotidien

L'électricité est aujourd'hui indispensable. Nous ne pourrions nous en passer dans bien des domaines.

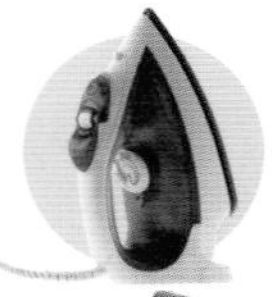

Le chauffage Radiateurs électriques, fers à repasser et certaines cuisinières fonctionnent à l'électricité.

La lumière Les lumières électriques éclairent les maisons, les écoles, les rues.

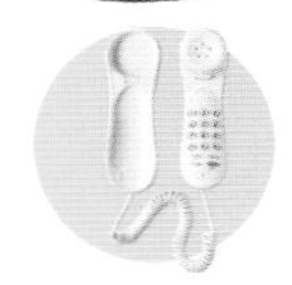

La communication Sans électricité, pas de téléphones ni d'ordinateurs.

Les transports Beaucoup de moyens de transport (tramway, métro) sont électriques.

Quel est le petit objet qui stocke l'électricité ?

Le circuit électrique

Un circuit électrique est une boucle dans laquelle l'électricité peut circuler en circuit fermé. Dans le circuit ci-dessous, le courant électrique traverse le trombone et allume l'ampoule.

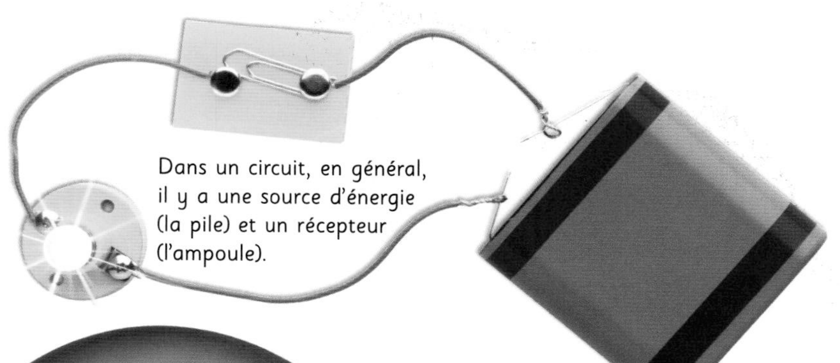

Dans un circuit, en général, il y a une source d'énergie (la pile) et un récepteur (l'ampoule).

Les câbles électriques

Un câble électrique est composé de métal et de plastique. L'électricité circule dans le métal, appelé « conducteur ». Le plastique, « l'isolant », l'empêche de s'en échapper.

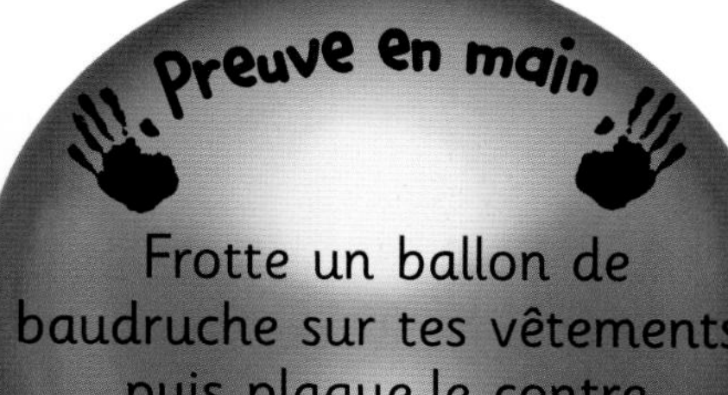

Frotte un ballon de baudruche sur tes vêtements, puis plaque-le contre un mur. Le ballon reste collé au mur, car tu l'as chargé d'électricité statique.

La foudre

Quand l'électricité s'accumule à un seul endroit sans pouvoir en sortir, on parle d'électricité « statique ». La foudre est de l'électricité statique qui se décharge dans le ciel sous la forme d'éclair.

Attention, danger !

L'électricité peut être mortelle. Ce symbole, utilisé dans le monde entier, prévient du danger : attention, risque d'électrocution !

Une pile verte

Les aliments acides gorgés d'eau sont conducteurs d'électricité. Un circuit électrique composé d'aliments acides percés de bouts de métal crée une réaction chimique qui génère un courant électrique.

La pile.

Le magnétisme

Les aimants contiennent tous du fer, ou un métal qui en contient. Ils exercent une force, appelée magnétisme, capable d'attirer le fer.

Un aimant attire le fer. Ces trombones sont attirés vers l'aimant, car l'acier qui les compose contient du fer.

Attraction/répulsion

Des matériaux qui s'attirent exercent une force d'attraction, ceux qui se repoussent une force de répulsion. Deux aimants s'attirent ou se repoussent.

Deux pôles

Les bouts d'un aimant sont dits pôle nord et pôle sud. Deux pôles opposés s'attirent ; deux pôles identiques se repoussent.

Mis face à face, les pôles opposés d'un aimant s'attirent.

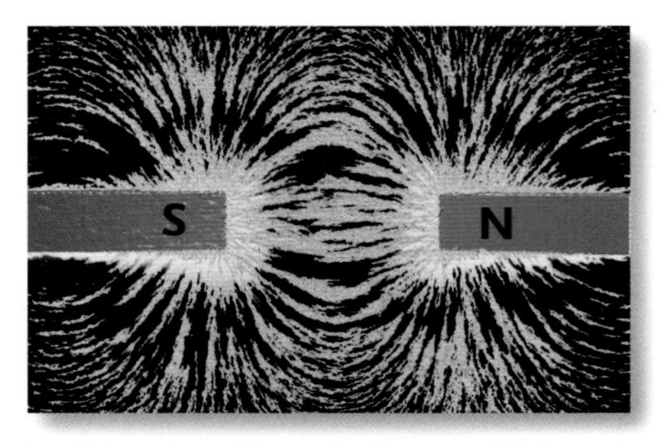

Les grains de limaille de fer illustrent bien, ici, les lignes de force du champ magnétique entre les pôles opposés d'un aimant.

Une aurore boréale provient en partie des forces magnétiques qui s'exercent dans l'atmosphère terrestre.

Spectaculaire !

Les phénomènes lumineux comme les aurores boréales sont dus à la rencontre des particules du vent solaire avec les champs magnétiques de notre atmosphère.

Champ magnétique de la Terre

La Terre, un grand aimant

La Terre se comporte comme si un gigantesque aimant invisible existait entre le pôle Nord et le pôle Sud. Il est ainsi possible de retrouver son chemin avec une boussole.

Qu'est-ce qu'un magnétomètre ?

Un électroaimant

Une bobine de fil électrique traversée par un courant électrique devient magnétique. Elle se comporte comme un électroaimant. Les portes automatiques, les enceintes et les moteurs électriques utilisent des électroaimants.

Électroaimants dans un haut-parleur

À la force d'un aimant

Certaines grues, équipées d'électroaimants géants, utilisent la force magnétique pour soulever des charges métalliques.

L'électroaimant, mis en marche, hisse d'énormes pièces en fer et en acier.

Un rail magnétique

Le Maglev (« Magnetic levitation ») est un train à suspension magnétique. Le rail porte des aimants qui repoussent le train vers le haut : il semble flotter.

Le Maglev est testé au Japon et en Floride, aux États-Unis.

Preuve en main

Marche chez toi en tenant un aimant et découvre quels sont les objets qu'il attire ! Tu peux faire pareil sur une plage.

Un appareil qui mesure la force d'un champ magnétique.

Les ondes énergétiques

Un petit caillou jeté dans l'eau forme de petites vagues rapprochées autour du point de chute; un gros caillou provoque des vagues grandes et espacées. De même, l'énergie voyage dans des « vagues » plus ou moins longues, appelées ondes.

Les ondes radio

Les ondes radio ont les plus longues longueurs d'onde. Elles circulent vite. La radio et la télévision dépendent de la diffusion de ces ondes dans l'espace.

Le spectre

La lumière est une forme d'onde énergétique visible à l'œil nu. En revanche, nous ne voyons pas les énergies dont la longueur d'onde est plus longue ou plus courte que celle de la lumière.

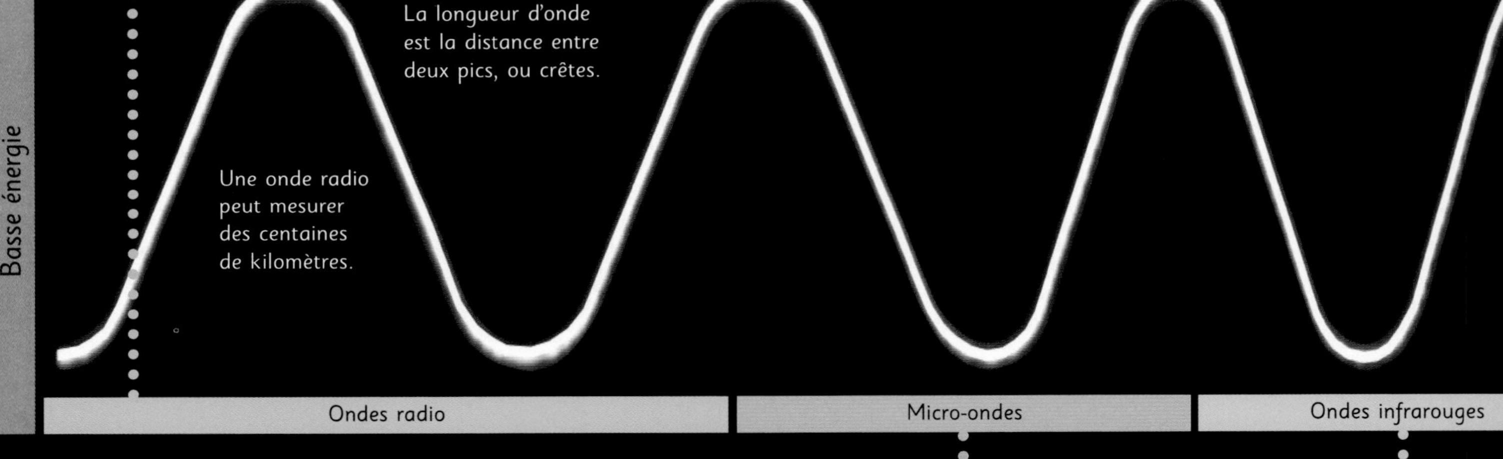

Les micro-ondes

Dans un four, les micro-ondes servent à réchauffer les aliments. Elles trouvent aussi leur utilité dans les téléphones mobiles et les satellites.

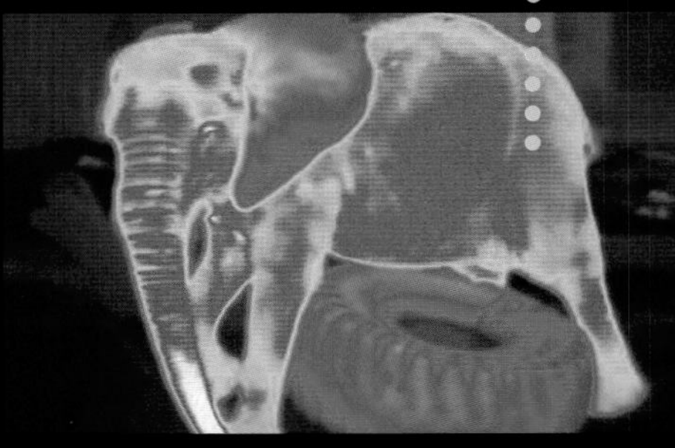

Les ondes infrarouges

Les objets chauds émettent des rayonnements invisibles, les rayons infrarouges. Seule une caméra à infrarouge peut les détecter.

Qu'est-ce qui est invisible à l'œil humain mais visible par une abeille?

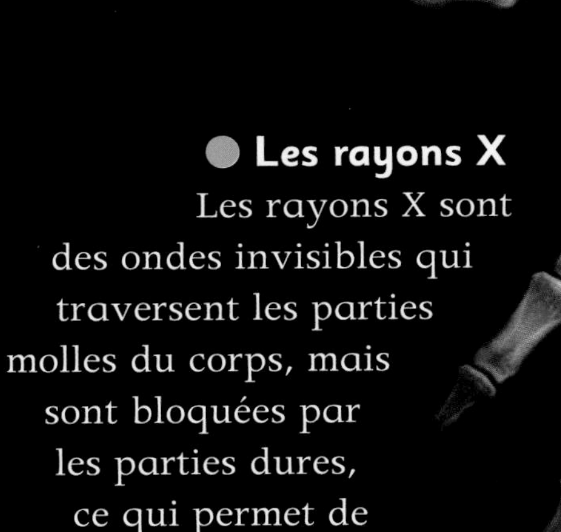

La lumière visible

Les ondes de lumière frappent tout ce qui nous entoure, nous permettant ainsi de voir. La lumière visible englobe toutes les couleurs de l'arc-en-ciel, chacune avec sa propre longueur d'onde.

Les rayons X

Les rayons X sont des ondes invisibles qui traversent les parties molles du corps, mais sont bloquées par les parties dures, ce qui permet de radiographier les os.

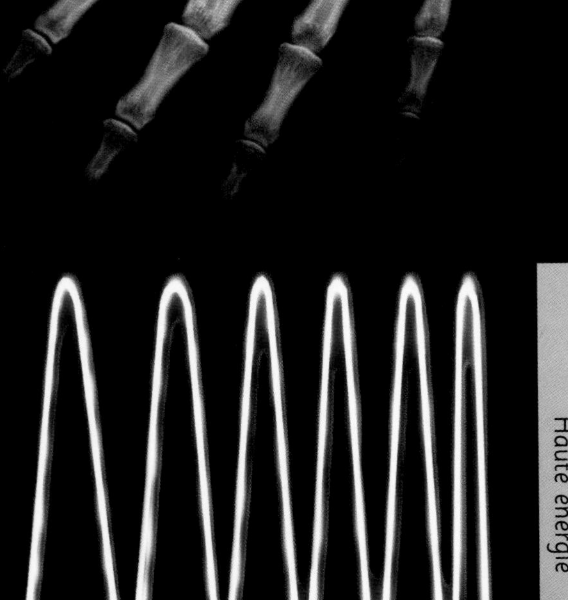

La lumière ultraviolette (UV)

Le soleil émet de la lumière visible ainsi que des rayonnements invisibles de lumière ultraviolette. Les UV font bronzer, mais en abuser provoque des cancers de la peau.

Les rayons gamma

La longueur d'onde d'un rayon gamma a parfois la taille d'un noyau d'atome. Les rayons gamma débordent d'énergie ; ils sont puissants, voire mortels. On s'en sert dans les hôpitaux pour tuer les cellules cancéreuses.

Ce patient subit des rayons gamma pour soigner son cancer.

La lumière ultraviolette.

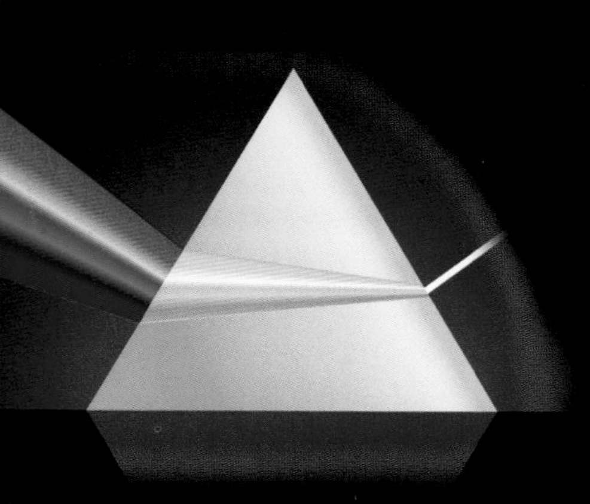

La lumière

La lumière est une forme d'énergie, détectable à l'œil nu. Elle est blanche, pourtant elle comprend toutes les couleurs révélées par un arc-en-ciel.

La luciole
Comme d'autres animaux, la luciole est capable d'émettre de la lumière. La nuit, la pointe de son abdomen brille d'une couleur verdâtre qui attire ses congénères.

D'où vient la lumière ?

La lumière provient des atomes. Un atome qui perd de l'énergie émet de la lumière, sous la forme de particules lumineuses.

La flamme d'une bougie émet de la lumière. Il s'agit d'une réaction chimique qui libère l'énergie enfermée dans la cire de la bougie.

Jeux d'ombre

La lumière ne circule qu'en ligne droite. Si un obstacle se trouve sur son trajet, cela forme une ombre – une zone que la lumière ne peut pas atteindre.

Objets de lumière

De nombreux objets sont liés à la lumière.

Le **CD** et le **DVD** stockent de l'information numérique lue par un rayon laser.

L'**appareil photo** capture la lumière en une fraction de seconde.

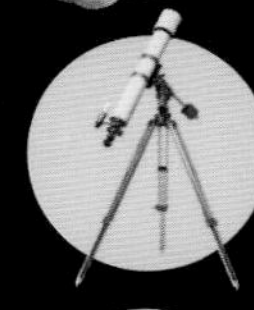

Le **télescope** grossit la lumière émise par les étoiles et les planètes et nous les rend visibles.

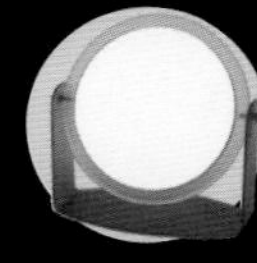

Le **miroir** réfléchit la lumière et nous renvoie une image de nous-mêmes.

Le **périscope** courbe la lumière et permet de voir au-dessus d'un obstacle.

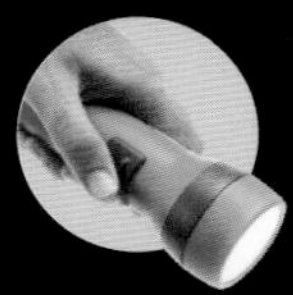

La **lampe torche** éclaire le chemin à la nuit tombée.

Qui a le record de vitesse dans l'Univers ?

La lumière entre dans l'œil par la pupille (le cercle noir au centre), qui change d'aspect : elle grossit pour laisser passer la lumière quand il fait noir ou bien rétrécit quand la luminosité est aveuglante.

Comment travaille l'œil ?

Chez l'homme, l'œil fonctionne de la même façon qu'un appareil photo. À l'avant, le cristallin capte les rayons de lumière, comme le ferait la lentille d'un appareil, et concentre l'image, qui s'inverse sur le fond de l'œil, ou rétine.

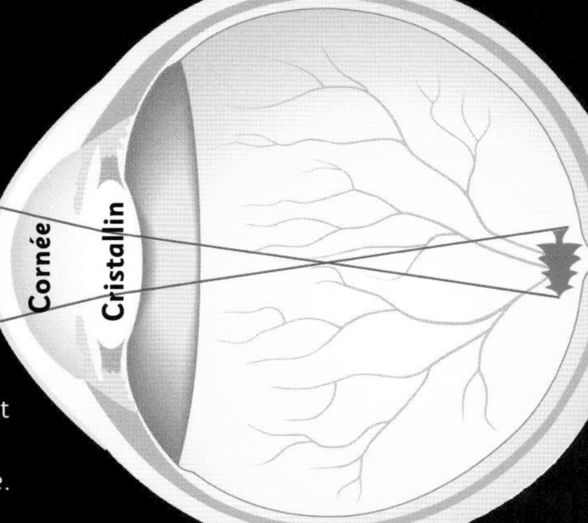

1. La lumière émise par l'arbre entre dans l'œil.

2. La cornée et le cristallin font converger les rayons de lumière.

3. Une image apparaît sur la rétine. Les cellules sensibles à la lumière transmettent l'image au cerveau.

4. Le cerveau remet l'image à l'endroit.

Les phares

Sauf quand elle entre dans l'œil, la lumière est invisible. Le navigateur ne voit la lumière d'un phare que s'il se trouve dans son faisceau. En effet, afin de percer le brouillard ou la pluie, le faisceau lumineux ne s'éparpille pas et est concentré dans une seule direction. Pour qu'il soit visible par tous, il tourne autour du phare, plus ou moins vite, ce qui permet d'ailleurs de l'identifier.

La réflexion

Quand un rayon de lumière frappe un rétroviseur, il est immédiatement renvoyé. La lumière qui rebondit sur le rétroviseur est la réflexion.

Avec un rétroviseur convexe (bombé), les choses semblent plus petites, mais le champ de vision est plus grand.

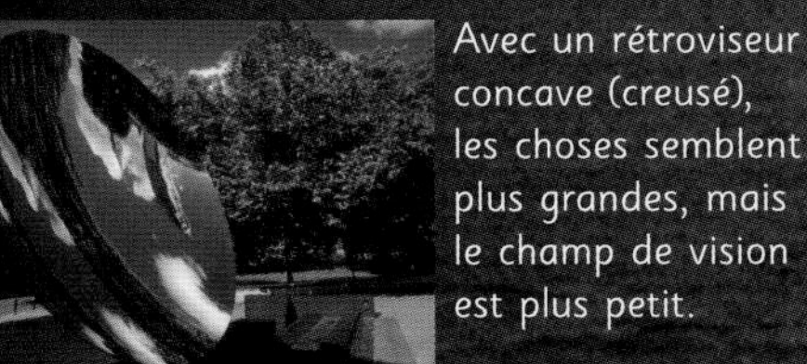

Avec un rétroviseur concave (creusé), les choses semblent plus grandes, mais le champ de vision est plus petit.

La lumière. Sa vitesse est de 300 000 km/s, soit environ 1 milliard de km/h.

Le son

Tous les sons naissent à partir de la vibration d'un objet, par exemple la corde sous les doigts d'un guitariste. La vibration fait vibrer l'air à son tour et se propage sous forme d'ondes, les ondes sonores.

Preuve en main

Souffle dans une bouteille. Que se passe-t-il? L'air vibre et fait du bruit. Moins il y a d'espace et donc d'air, plus les vibrations sont rapides et les sons aigus. Une bouteille vide produit des sons plus graves qu'une bouteille pleine.

Le silence de l'espace

Le son voyage dans les solides, les liquides et les gaz, mais il ne peut pas circuler s'il n'y a pas de matière. Il n'y a pas de son dans l'espace, car il n'y a pas d'air.

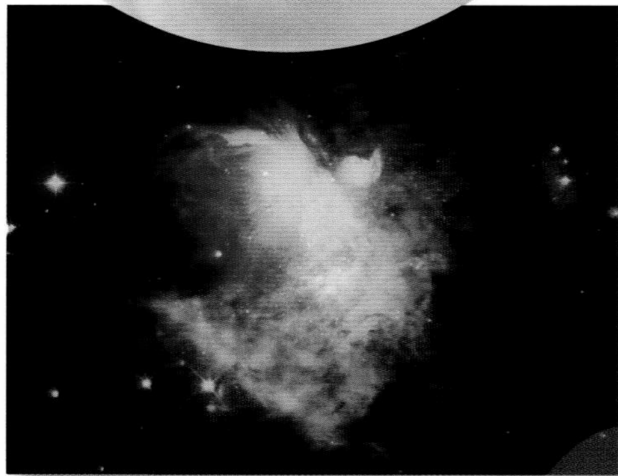

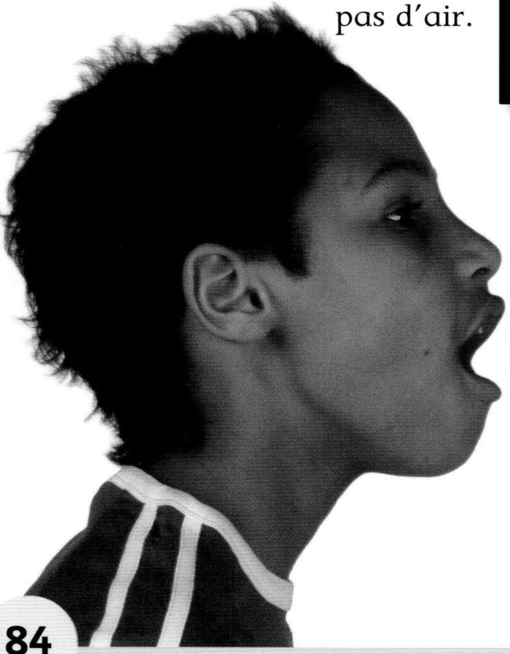

Dans l'air, les ondes sonores se propagent en comprimant et en dilatant l'air tour à tour (comme un ressort).

L'ouïe

Quand des ondes sonores (le son) pénètrent dans l'oreille, elles font vibrer le tympan, traversent les osselets puis atteignent l'oreille interne. Là, des nerfs envoient au cerveau les informations permettant de reconnaître ce son.

Les niveaux sonores

Le son se mesure en décibels. Au-delà de 90 décibels, le bruit rend agressif.

Le bruissement des **feuilles** dans les arbres produit un son de 10 décibels.

Le **murmure** correspond à environ 20 décibels.

La **circulation** en ville a un niveau sonore de 85 décibels en moyenne.

Une **batterie** produit un son d'environ 105 décibels.

Le son d'un **marteau-piqueur** atteint 110 décibels.

Le **rugissement** du lion a été enregistré à 114 décibels.

Les **feux d'artifice**, ce sont 120 décibels, voire davantage.

Au décollage, l'**avion à réaction** peut produire un son de 140 décibels.

Est-ce que tous les animaux entendent les mêmes sons ?

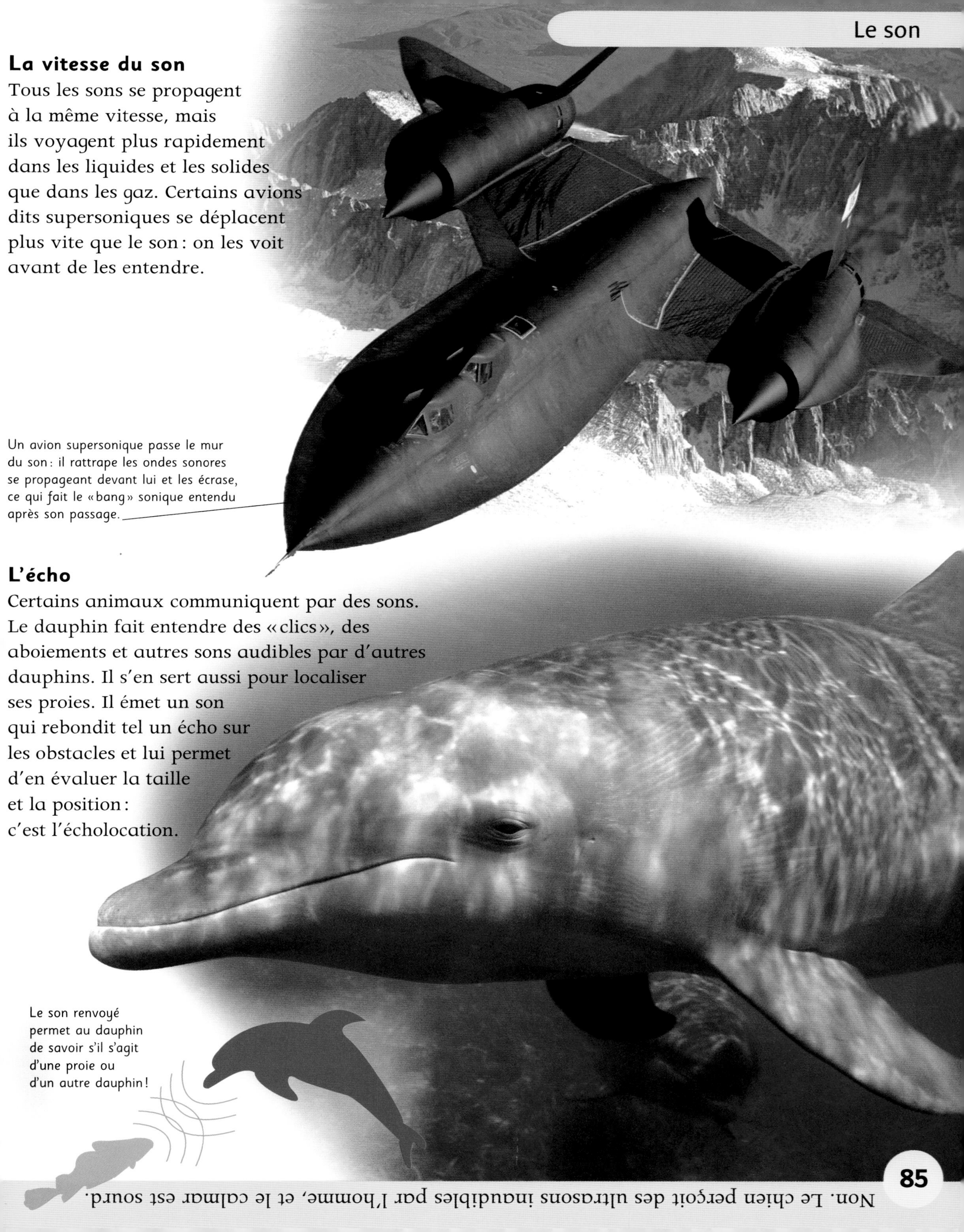

La vitesse du son

Tous les sons se propagent à la même vitesse, mais ils voyagent plus rapidement dans les liquides et les solides que dans les gaz. Certains avions dits supersoniques se déplacent plus vite que le son : on les voit avant de les entendre.

Un avion supersonique passe le mur du son : il rattrape les ondes sonores se propageant devant lui et les écrase, ce qui fait le « bang » sonique entendu après son passage.

L'écho

Certains animaux communiquent par des sons. Le dauphin fait entendre des « clics », des aboiements et autres sons audibles par d'autres dauphins. Il s'en sert aussi pour localiser ses proies. Il émet un son qui rebondit tel un écho sur les obstacles et lui permet d'en évaluer la taille et la position : c'est l'écholocation.

Le son renvoyé permet au dauphin de savoir s'il s'agit d'une proie ou d'un autre dauphin !

Non. Le chien perçoit des ultrasons inaudibles par l'homme, et le calmar est sourd.

La chaleur

Les molécules et les atomes sont toujours en mouvement. Plus ils s'agitent et plus ils transmettent de l'énergie, ressentie sous forme de chaleur. Ainsi, si quelque chose est chaud, cela signifie que ses atomes bougent vite ; s'il est froid, que ses atomes se déplacent lentement.

Les sources de chaleur

La chaleur est produite de plusieurs façons.

La **friction** produit de la chaleur ; si on tient une corde, les mains en s'y frottant se réchauffent.

La **combustion**, c'est ce qui brûle. Cela dégage de la chaleur.

L'**électricité** est utilisée pour faire chauffer les radiateurs et les plaques électriques.

C'est chaud !

La chaleur se déplace toujours d'un endroit chaud vers un autre plus froid. Si on touche un objet chaud, l'énergie de la chaleur pénètre notre peau et active les cellules sensorielles de la peau : elle devient chaude. À l'inverse, si l'objet est froid, la chaleur sort de la peau.

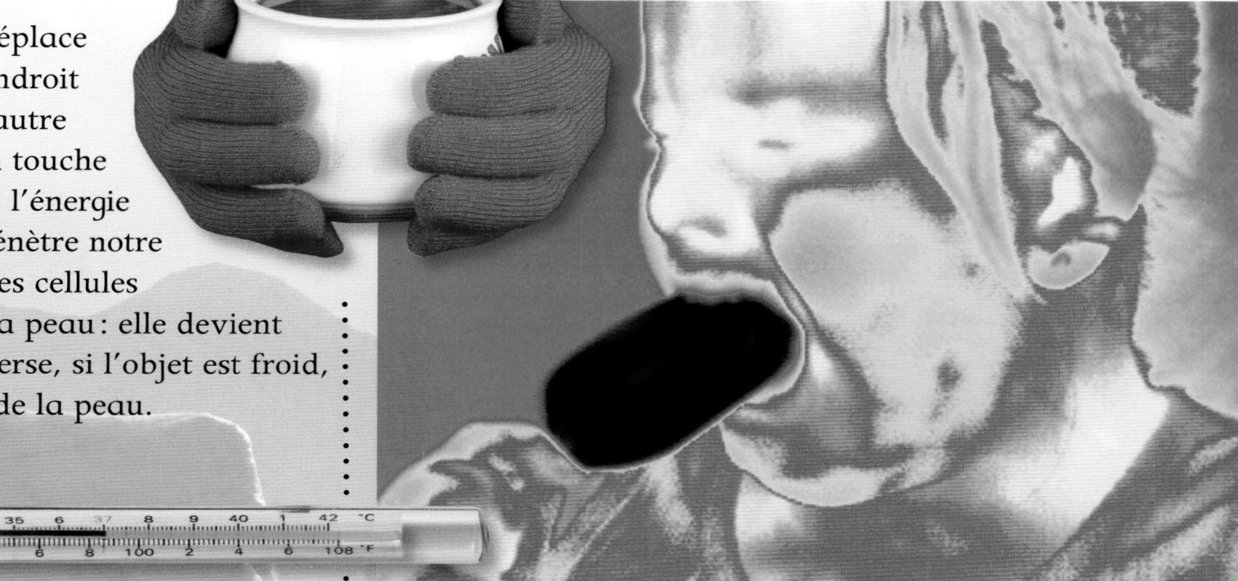

La température

La température indique le degré de chaleur d'un objet, selon une échelle graduée. Elle se mesure généralement avec un thermomètre.

Photographier la chaleur

De même que des rayons invisibles de lumière se propagent dans l'air, des objets chauds émettent de la chaleur sous forme de rayonnements infrarouges. Des appareils spéciaux détectent et « photographient » ces infrarouges. Les zones chaudes apparaissent en blanc ou rouge, et les zones froides en noir.

De la fraîcheur !

La chaleur émise par le soleil arrive sur la Terre sous forme de rayonnements infrarouges. Tout comme la lumière, ils sont réfléchis par les objets clairs et absorbés par les objets foncés. Dans les pays chauds, les habitations sont peintes en blanc : la chaleur est réfléchie et les intérieurs restent frais.

La neige tient-elle chaud ?

En vol libre

Quand un sol se réchauffe, l'air au sol se réchauffe à son tour et s'élève. Les oiseaux maîtrisent ces courants d'air chaud ascendants pour monter plus haut dans l'azur.

Dans un courant ascendant, l'aigle plane, il n'a plus besoin de battre des ailes.

La conduction

La chaleur passe dans les solides par un processus appelé conduction. Les atomes chauds, qui s'agitent beaucoup, se heurtent soudain à des atomes plus froids. Ces derniers s'agitent alors plus rapidement. La chaleur est ainsi transmise.

La chaleur pénètre dans cette barre de métal. Le métal est un bon conducteur de chaleur.

La convection

En s'échauffant, l'air (ou l'eau) s'élève et de l'air plus froid (ou de l'eau plus froide) le remplace. C'est la convection. Elle assure le déplacement des courants océaniques chauds à travers le monde.

Incroyable!

La tête de la vipère à fossettes possède un organe thermosensible qui lui sert d'œil: la nuit, alors qu'elle chasse, elle «voit» la chaleur émise par une souris.

Cette image satellite montre la température des océans de la planète.

Manteau de plume

Le manchot empereur vit en Antarctique. Pour se protéger de l'air glacial, il gonfle ses plumes. L'air ainsi emprisonné crée une couche isolante qui conserve la chaleur du corps.

Oui, si on construit un igloo, car la neige est un bon isolant.

Les forces

Une force est une poussée ou une traction. Si on pousse ou tire quelque chose avec les mains pour le faire bouger, on applique une force dite de contact. D'autres forces, comme la gravité ou le magnétisme, s'exercent à distance, c'est-à-dire sans contact.

La gravité

La gravité est l'une des forces qui régissent l'Univers. Par exemple, elle maintient la Terre en orbite autour du Soleil et la Lune en orbite autour de la Terre. Sur Terre, la gravité, appelée pesanteur, attire tous les objets vers le sol.

Il faut trois moteurs-fusées à la navette spatiale pour se dégager du champ gravitationnel de la Terre.

Si la chaîne casse, les enfants seront éjectés droit devant !

Le décollage

Il faut une grande force pour faire décoller un engin spatial et l'arracher à la pesanteur. Cette force dite de propulsion est fournie par les moteurs-fusées. Ils produisent des gaz chauds, qui s'enflamment en propulsant à très grande vitesse l'engin dans l'atmosphère.

Ça tourne

Sur un manège, on se sent poussé vers l'extérieur. Cet effet est appelé force centrifuge (qui éloigne du centre), mais ce n'est pas une force. Ce qui donne la sensation d'être poussé, c'est la résistance de notre corps au mouvement circulaire (il veut rester droit), comme dans un virage en voiture.

Quelle force permet à l'aiguille de la boussole d'indiquer le pôle Nord ?

Preuve en main

Frotte tes mains l'une contre l'autre aussi fort et vite que tu peux pendant 10 secondes. La chaleur ressentie vient du frottement exercé sur la peau.

Le frottement

Quand des objets frottent ou glissent l'un contre l'autre, il se crée une force, le frottement (ou friction). Le frottement ralentit les objets en mouvement, qui libèrent une partie de leur énergie sous forme de chaleur.

Afin de réduire le frottement, la semelle des skis est lisse et enduite de paraffine (le fart).

Le frottement ralentit le skieur.

La force électrique

Des objets chargés d'électricité statique (une électricité qui ne circule pas) attirent ceux qui ne le sont pas. Si l'on frotte un ballon sur les cheveux, il se charge d'électricité statique et se colle aux vêtements.

La poussée d'Archimède

Pourquoi ça flotte ? Parce qu'il existe une force particulière dans l'eau, appelée poussée d'Archimède. Elle pousse vers la surface tout objet plongé dans l'eau. Si la poussée est égale ou supérieure au poids de l'objet, ça flotte.

La pesanteur attire le canard vers le sol.

La poussée exercée par l'eau s'oppose à la pesanteur : le canard flotte.

Le magnétisme.

Forces et mouvement

Il peut être difficile de mettre un objet en mouvement, mais une fois qu'il bouge, il peut être aussi difficile de l'arrêter. Seule une force peut déplacer un objet, le faire aller plus vite et le stopper.

Le ballon de foot ne bouge que si le joueur lui porte un coup de pied.

Les lois de Newton

En 1687, sir Isaac Newton élabore trois lois qui expliquent comment les forces font bouger les choses. Elles sont la base de la physique et concernent aussi bien le football que les grenouilles.

La première loi de Newton

À moins qu'une force n'agisse sur lui en le poussant ou en le tirant, tout objet reste au repos… ou se déplace en ligne droite à la même vitesse.

La force permet l'accélération : dans le cas d'un cycliste, elle provient de ses jambes musclées.

La deuxième loi de Newton

Plus la force est grande et l'objet léger, plus forte est l'accélération. Un cycliste professionnel sur un vélo ultraléger va plus vite qu'un cycliste sur un vélo de ville !

La troisième loi de Newton

Chaque action produit une réaction opposée de force égale. La feuille bouge dans la direction opposée au saut de la grenouille.

Vitesse et rapidité

On peut aller vite sans être rapide. La vitesse, c'est la distance parcourue en un temps donné : combien de mètres courus en 10 minutes. La rapidité, c'est l'inverse, c'est le temps mis pour parcourir une distance : combien de minutes pour courir 100 mètres. Dans une course, on peut zigzaguer sans réduire sa vitesse, mais on sera moins rapide à parcourir la distance.

Si une voiture parcourt 80 km en 2 heures, sa vitesse est de 40 km/h.

Pour calculer une vitesse, on divise la distance parcourue par le temps mis pour la parcourir.

La balle de golf continue sa course jusqu'à ce qu'elle soit ralentie par la friction, la pesanteur et la résistance de l'air.

L'inertie

Si un objet est immobile ou en mouvement, il reste ainsi, tant que rien (aucune force) ne vient le perturber. Cela s'appelle l'inertie, ou encore la résistance au changement.

Cet hélicoptère des secours en mer est en équilibre au-dessus de l'eau.

PORTANCE

FROTTEMENT

POUSSÉE

GRAVITÉ

L'équilibre des forces

Toutes sortes de forces s'exercent sur les objets. Parfois, elles s'annulent et un objet peut être en équilibre.

Pour en savoir plus
Le magnétisme, pages **78-79**
Les forces, pages **88-89**

En chute libre dans l'air, sa vitesse maximale est de 200 km/h.

Les machines

Les machines et certains outils nous aident à réaliser des tâches physiquement pénibles, en réduisant l'effort ou le temps passé. Souvent, elles démultiplient notre force.

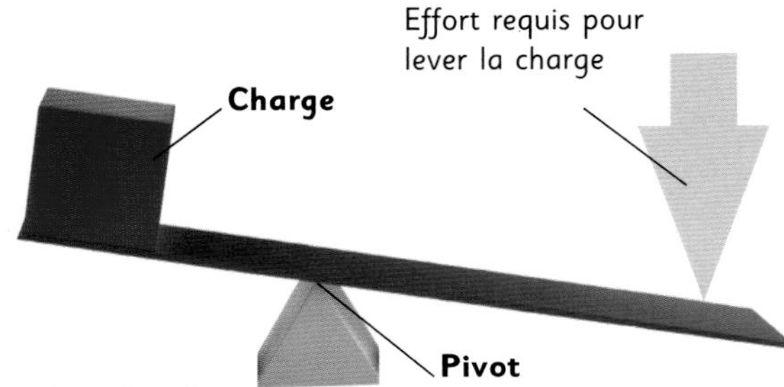

Le levier

Un levier se compose d'un bras rigide qui pivote sur un point d'appui fixe, le pivot. Il permet de réduire la force nécessaire pour déplacer une charge. Plus l'effort est éloigné du pivot, plus le levier est efficace.

Un **premier type** de levier agit comme une balançoire à bascule : le pivot est au milieu, entre la charge et l'effort.

Un **deuxième type** de levier agit comme une brouette : la charge est entre le pivot et l'effort.

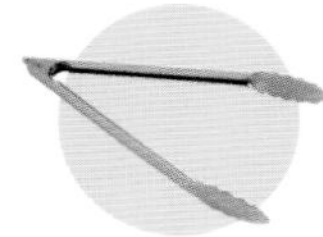

Un **troisième type** de levier agit comme une pince : l'effort est entre le pivot et la charge.

La roue et l'axe

L'axe est ce qui traverse le centre d'une roue. Ensemble, ils agissent comme une machine rotative simple, qui facilite le déplacement d'un objet d'un point à un autre.

L'engrenage

Un engrenage est composé de roues dentées qui s'imbriquent et s'entraînent l'une l'autre. Il augmente la vitesse ou la force. Sur un vélo, ce sont les pédales qui font tourner l'engrenage.

La grande roue de l'engrenage entraîne, à l'arrière du vélo, une roue plus petite à une vitesse plus grande.

Preuve en main

Pour gravir une colline, tu peux aller tout droit (épuisant !) ou suivre le sentier en lacets. Les lacets, c'est plus long, mais cela réduit l'effort, comme avec une machine.

Nomme six machines simples.

La hache

La hache est un outil simple mais efficace, qui augmente la force exercée. Quand la lame aiguisée touche le bois, elle écarte le bois et l'entaille en profondeur.

Un seul homme suffit pour tirer une pierre le long du plan incliné, mais quatre sont nécessaires pour la hisser verticalement.

Le plan incliné

Il est plus facile de pousser, ou tirer, une charge dans une pente, que de la soulever verticalement. C'est grâce à ce principe de plan incliné, qu'on a pu élever les pierres des pyramides dans l'Égypte ancienne.

La vis effectue une plus grande distance en tournant qu'en entrant droit dans le bouchon. La force pour entrer est ainsi démultipliée.

La poulie

La poulie est une roue qui sert à soulever des poids. La charge est fixée à une corde qui passe par la poulie ; en tirant l'autre extrémité de la corde, la charge se soulève. La force est démultipliée si la poulie comporte plusieurs roues.

La grue soulève de lourdes charges au moyen d'un système de poulies.

La vis

Le mécanisme de la vis est celui d'un plan incliné enroulé autour d'un cylindre. Le tire-bouchon fonctionne comme une vis. Il est plus facile d'enfoncer une tige métallique dans un bouchon en la vissant.

Le levier, la roue, l'axe, l'engrenage, le plan incliné et la poulie.

L'Univers, c'est quoi ?

L'Univers englobe tout ce qui existe : la Terre, le Soleil, les autres étoiles de notre galaxie mais aussi les innombrables galaxies présentes au-delà. Il est né dans une gigantesque explosion, le big bang, il y a environ 13,7 milliards d'années.

Les galaxies

Une galaxie est un vaste groupe d'étoiles maintenues ensemble par la gravité. En général, une galaxie contient environ 100 milliards d'étoiles. Les galaxies arborent des formes diverses, en spirale ou ovales.

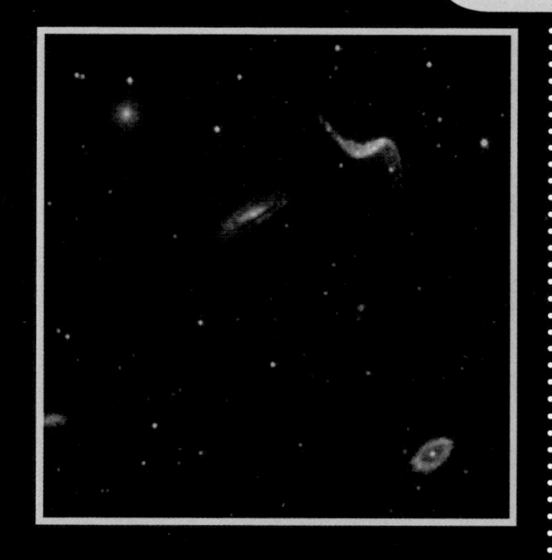

Une galaxie voisine

Notre plus proche voisine est la galaxie de forme spirale Andromède.
Il faudrait environ 2,2 millions d'années pour l'atteindre – en voyageant à la vitesse de la lumière !

Qu'est-ce que c'est?

Les images ci-dessous sont des détails agrandis de photos figurant dans le chapitre « Les sciences de la Terre et de l'Univers ». Amuse-toi à les retrouver !

La Voie lactée

Notre système solaire fait partie d'une galaxie : la Voie lactée. De l'intérieur (où nous sommes), elle ressemble à un voile brumeux brillant dans le ciel.

Pour en savoir plus
Les étoiles, pages **96-97**
Le système solaire, pages **98-99**

Entre 200 milliards et 400 milliards.

Les étoiles

Il y a plus d'étoiles dans l'Univers que de grains de sable sur toutes les plages de notre planète. Certaines sont plus lumineuses que notre Soleil.

Une vie d'étoile

Une étoile naît dans un épais nuage de poussière et de gaz appelé nébuleuse.

La nébuleuse
Sous l'effet de la gravité, les amas de poussière et de gaz de la nébuleuse s'agglutinent et s'échauffent. Ils sont tous susceptibles de donner naissance à des étoiles.

La géante rouge
Une étoile est alimentée en gaz hydrogène. Elle brûle jusqu'à ce que son carburant vienne à manquer. Alors elle enfle et se transforme en géante rouge.

La naine blanche
Quand une géante rouge expulse dans l'espace ses couches gazeuses, il ne reste plus que le noyau, qui se refroidit. Cela devient une naine blanche, pas plus grosse que notre Terre.

La supernova
Certaines étoiles géantes de la nébuleuse meurent dans une gigantesque explosion, appelée supernova.

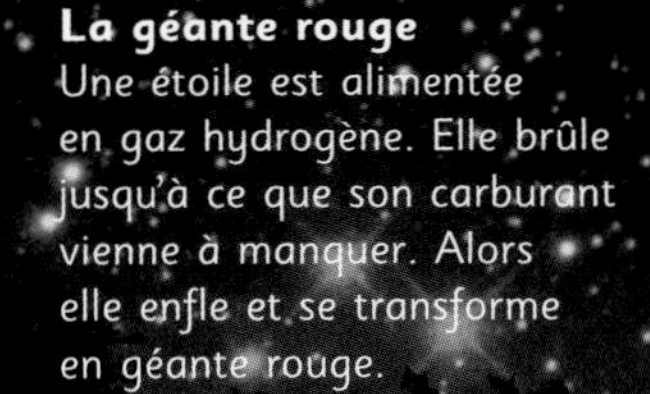

La ronde des étoiles

La position des étoiles semble changer au cours de la nuit. En réalité, ce mouvement est dû à la rotation de la Terre sur elle-même.

Combien d'étoiles est-il possible d'observer par une belle nuit sombre ?

Les restes
Les fragments dus à l'explosion brillent encore pendant des siècles.

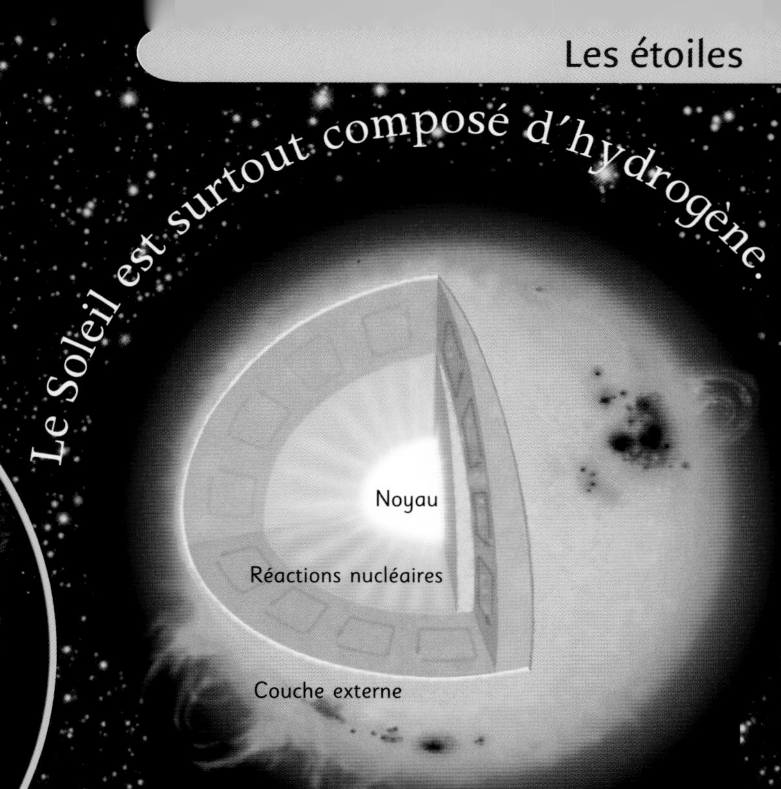

Derniers feux

Entre sa naissance au sein de la nébuleuse et sa transformation en géante rouge, notre étoile, le Soleil, n'est qu'à la moitié de sa vie. Il est donc encore très actif, comme en témoignent les éruptions solaires visibles ci-dessus.

Le trou noir

Lorsqu'une étoile géante explose, beaucoup de gaz sont rejetés dans l'espace, avant de s'effondrer sur le noyau, créant un trou noir.

Des dessins dans le ciel

Les constellations sont des groupes d'étoiles visibles de la Terre. Elles portent toutes un nom, souvent en rapport avec leur forme. Voici le Chariot, dans la Grande Ourse.

Approximativement 2 000.

Le système solaire

Nous vivons dans une infime partie de l'espace, le système solaire, composé du Soleil, de huit planètes et d'innombrables corps célestes.

Les planètes

Les planètes tournent autour du Soleil selon une trajectoire appelée orbite. Elles restent en orbite sous l'effet de la gravité du Soleil.

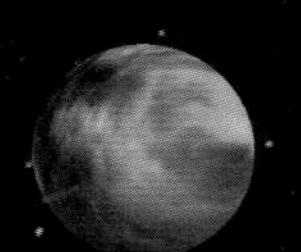

Neptune est la planète la plus lointaine du système solaire.

Uranus possède 13 anneaux et 27 lunes.

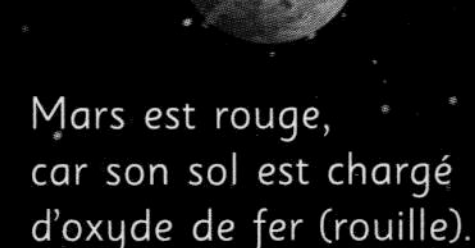

Mars est rouge, car son sol est chargé d'oxyde de fer (rouille).

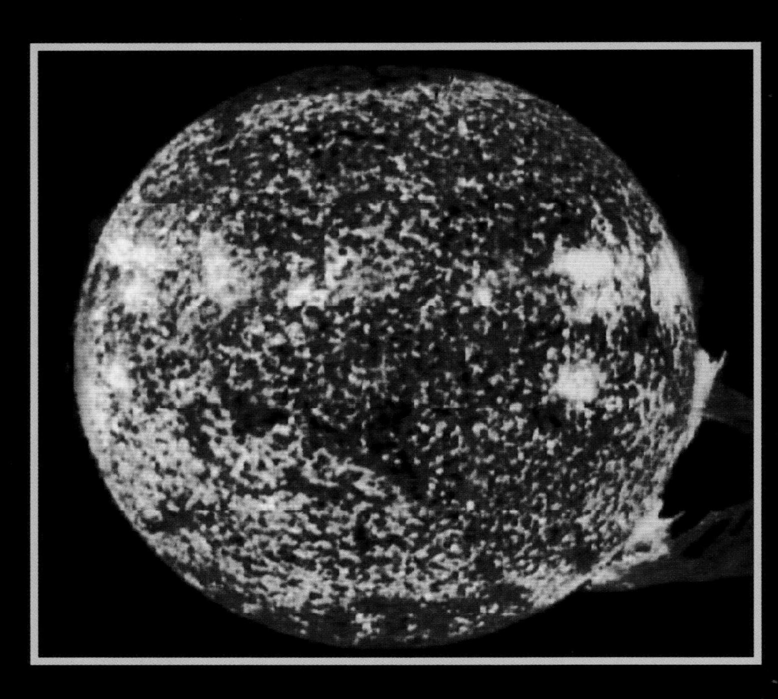

Le Soleil

Le Soleil est l'étoile la plus proche de notre planète. Il nous envoie la chaleur et la lumière essentielles à la vie sur Terre. À mi-chemin de sa vie, il brûlera pendant encore 5 milliards d'années.

Jupiter est la plus grosse planète du système solaire. Elle possède plus de 60 lunes.

Quel est l'âge du système solaire ?

Les jours et les années

Le temps que prend une planète à faire une rotation sur elle-même correspond à un jour. Celui pour effectuer le tour complet du Soleil à une année. Selon les planètes, le jour et l'année n'ont pas la même durée.

Les anneaux de Saturne sont composés de glace, de poussière et de roche.

Mercure, la plus petite planète, est la plus proche du Soleil.

Vénus est la plus brillante et la plus chaude. Son atmosphère est particulièrement épaisse.

La Terre est la seule planète du système solaire dotée d'une atmosphère favorable à la vie.

Comètes et météorites

Les comètes sont des morceaux de glace, de roche et de poussière. Les météorites, ou étoiles filantes, sont des fragments de roche qui s'embrasent en traversant l'atmosphère terrestre.

Jupiter

Mars **Vénus**

Terre **Mercure**

Soleil

Comparées au Soleil, les planètes semblent minuscules, y compris les planètes extérieures, pourtant bien plus grandes que les quatre premières. Le diamètre du Soleil fait plus de 100 fois celui de la Terre !

Environ 4,6 milliards d'années.

La Lune

La Lune, vieille d'environ 4,5 milliards d'années, est un satellite en orbite autour de notre planète. C'est un astre froid et poussiéreux, où il n'y a ni eau, ni air, ni vie.

À chacun de ses tours de Terre, la Lune fait une rotation sur elle-même

La surface de la Lune est recouverte de cratères, de montagnes et de vallées.

Une surface accidentée

La surface lunaire est couverte de cratères. Ils ont été creusés par les météorites qui se sont écrasées il y a des millions d'années.

De la Terre, nous ne voyons que la face visible de la Lune.

La face visible

Il faut autant de temps à la Lune pour tourner sur elle-même que pour graviter autour de la Terre, ainsi nous présente-t-elle toujours la même face, la face visible; l'autre, la face cachée, ne se voit que de l'espace.

Pleine lune

Comme la Terre, seule une moitié de Lune est éclairée par le Soleil, tandis que l'autre est dans l'obscurité. Lorsque la Lune tourne autour de la Terre, sa face éclairée se voit plus ou moins: ce sont les phases de la Lune.

Les marées

La force d'attraction de la Lune provoque un renflement des eaux des océans de notre planète. Cette « bosse d'eau » se déplace, d'autant que la Terre tourne aussi sur elle-même: c'est le phénomène des marées.

Entre deux « bosses d'eau », c'est marée basse.

La « bosse d'eau » est là, c'est marée haute.

À quelle distance de la Terre se trouve la Lune?

Un grand pas pour l'humanité

La Lune est le seul monde extraterrestre que nous ayons visité. En 1969, des astronautes ont marché sur la Lune pour la première fois.

L'astronaute américain Buzz Aldrin marche sur la Lune.

Éclipse de Lune

Quand la Terre passe entre le Soleil et la Lune, elle bloque la lumière du Soleil et met la Lune dans la pénombre. C'est une éclipse de Lune.

Éclipse de Soleil

Quand la Lune passe entre le Soleil et la Terre, elle empêche les rayons solaires d'atteindre la Terre. C'est une éclipse de Soleil.

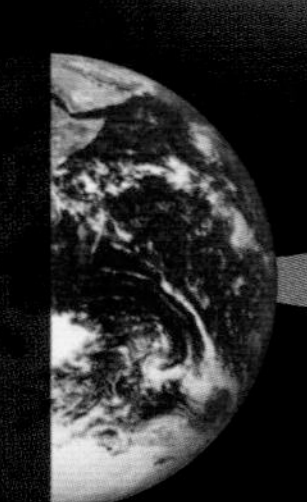

Éclipse totale

L'éclipse de Soleil est totale pour ceux qui se trouvent au centre de l'ombre de la Lune. Pour les autres, elle n'est que partielle.

La Lune est à environ 384 000 km de la Terre.

La structure de la Terre

La Terre est la seule planète du système solaire capable d'abriter la vie, car elle est à la distance idéale du Soleil, ni trop éloignée, ni trop proche. Nous vivons sur une énorme sphère solide au cœur liquide.

Vue de l'espace, la Terre est une boule bleue enveloppée de nuages.

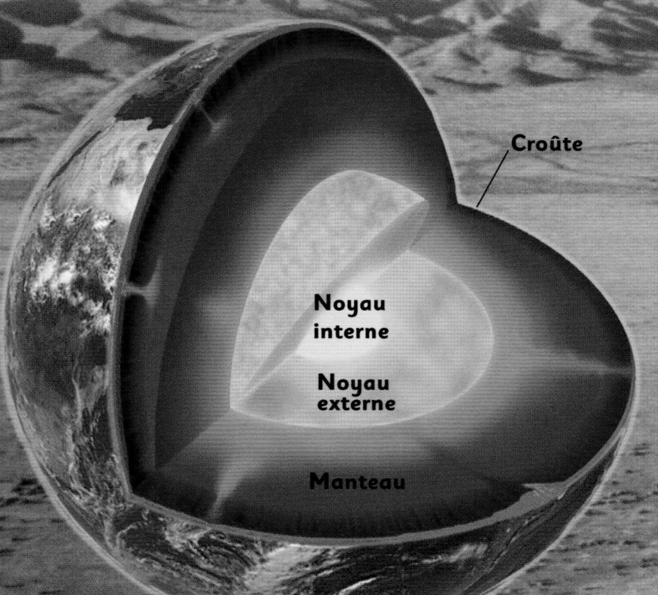

Les entrailles de la Terre

S'il était possible de peler la Terre comme une orange, on trouverait : une première couche fine, la croûte, sur laquelle nous habitons ; une deuxième couche composée de roches bouillonnantes, le manteau ; enfin, le cœur, avec son noyau externe, chargé de fer et de nickel en fusion, et son noyau interne fait de fer et de nickel solidifiés.

Précieux éléments

L'atmosphère de la Terre et les eaux de sa surface jouent un rôle vital. Elles maintiennent la planète à la bonne température, car elles absorbent la chaleur du Soleil et la redistribuent autour du globe.

Quel est l'océan le plus vaste de notre planète ?

Les volcans

Les volcans sont des fissures de la croûte terrestre d'où s'échappe parfois le magma (roches bouillonnantes du manteau terrestre), sous forme d'éruptions plus ou moins explosives. Parfois, ne jaillissent que des nuages de gaz, de cendres et de poussières de roche.

La formation des montagnes

Quand deux plaques se heurtent, des montagnes naissent, comme l'Himalaya, il y a 50 millions d'années.

La faille de San Andreas, aux États-Unis, connaît de nombreux séismes.

Les failles

Un déplacement brusque des plaques le long d'une faille provoque des séismes.

La dérive des continents

Il y a des millions d'années, les terres étaient réunies en un seul continent. Lentement elles se sont séparées et déplacées… jusqu'à former les continents actuels.

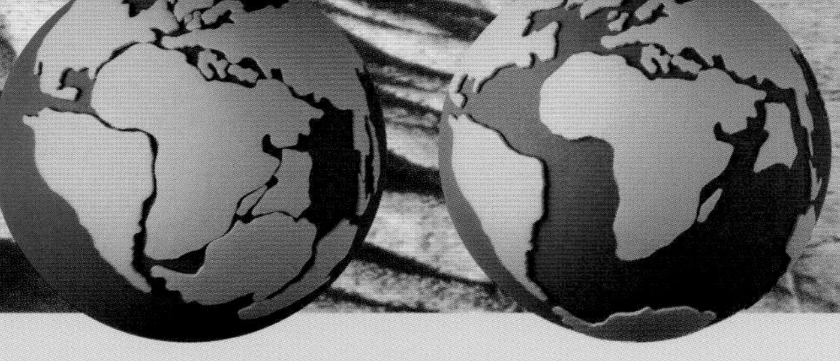

Il y a 200 millions d'années — Il y a 135 millions d'années — Il y a 10 millions d'années

La croûte craque

Comme un puzzle géant, la croûte terrestre est formée de plaques qui se déplacent peu à peu. Des volcans et des séismes apparaissent ouvent aux points de rencontre de ces plaques, appelés failles.

Faille de San Andreas

Volcans actifs

L'océan Pacifique.

Roches et minéraux

La croûte terrestre est faite de toutes sortes de roches, plus ou moins anciennes. Se transformant avec le temps, les roches deviennent tour à tour dures, molles ou friables.

La **serpentine** est une roche vert sombre, jadis taillée avec art.

Le **gabbro** est utilisé pour les plans de travail et les sols des cuisines.

Le **mica blanc** entre parfoi dans la composition du dentifrice.

Qu'est-ce qu'une roche ?

Les roches sont composées d'un ou de plusieurs minéraux. Elles ont été classées en trois types : magmatiques (ou ignées), sédimentaires et métamorphiques.

Les fossiles

Les fossiles sont des restes, ou des empreintes, de végétaux et d'animaux morts il y a des millions d'années et transformés en pierre.

Le cycle des roches

Au fil du temps, sous l'action du vent, de l'eau, de la pression et de la chaleur, les roches de la croûte terrestre évoluent d'un type à un autre.

Les roches magmatiques

Les roches magmatiques se forment quand le magma en fusion refroidit et se solidifie. Si le magma jaillit en éruption, cela forme du basalte (lave des volcans) ; s'il pénètre la croûte et se refroidit peu à peu, cela devient du granite

Les roches sédimentaires

Le vent et l'eau érodent les roches, dont les débris sont transportés et déposés dans les lacs et les mers. Là, les sédiments (les dépôts) s'entassent en couches, et forment à terme des roches sédimentaires tels le calcaire et le grès.

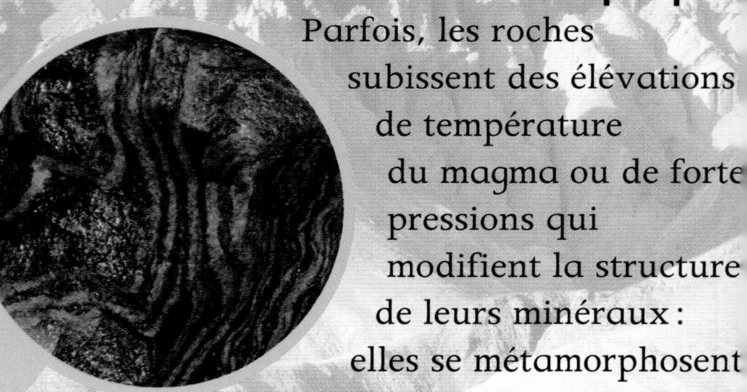

Les roches métamorphiques

Parfois, les roches subissent des élévations de température du magma ou de forte pressions qui modifient la structure de leurs minéraux : elles se métamorphosent alors en de nouvelles roche (le calcaire devient du marbre).

Quel type de roche flotte sur l'eau ?

Qu'est-ce qu'un minéral ?

Les minéraux sont des solides issus de la Terre. Ils ont une structure chimique en cristaux. On les utilise pour tout, pour construire des voitures et des ordinateurs, pour fertiliser les sols, et même pour se laver les dents !

Le **sel** est un minéral qui fait fondre la glace. L'hiver, on le répand sur les chaussées verglacées.

Haut en couleurs

Le granite est une roche constituée de minéraux colorés : mica noir, feldspath rose et quartz gris.

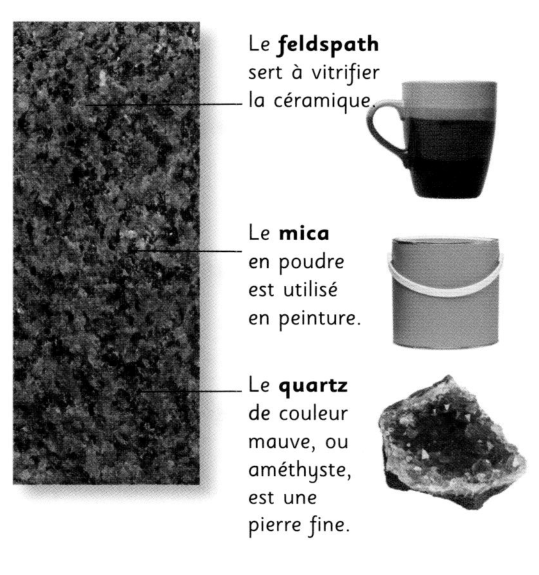

Le **feldspath** sert à vitrifier la céramique.

Le **mica** en poudre est utilisé en peinture.

Le **quartz** de couleur mauve, ou améthyste, est une pierre fine.

Les cristaux

Les tout petits cristaux des minéraux s'agglomèrent parfois, donnant des cristaux visibles à l'œil nu. Les gros cristaux se forment lors du lent refroidissement de minéraux issus du magma ou d'un liquide piégé.

Ces **stalactites de quartz** se sont formées sur des milliers d'années.

Les minéraux, chez soi

L'**halite** est un minéral composé de chlorure de sodium (le sel). Elle sert surtout au salage des routes.

Le **quartz**, extrait du sable, entre dans la composition des puces des calculatrices ou des montres.

La **kaolinite** est utilisée pour les objets en porcelaine et donne un aspect brillant au papier.

L'**illite** est un minéral argileux employé dans les poteries en terre cuite et les briques.

Le **mica** apporte une touche de brillant aux peintures et aux vernis.

Le **graphite** est la mine des crayons à papier et aussi l'un des composants des freins de vélo.

La **rhodochrosite** est une pierre fine de couleur rose, travaillée en joaillerie.

La pierre ponce, pleine de bulles d'air, flotte parfois.

La vie des paysages

Depuis des millions d'années que la Terre existe, sa surface est perpétuellement modifiée. Le vent, la pluie, les cours d'eau modèlent lentement les paysages… que des catastrophes naturelles, comme les séismes, bouleversent parfois en quelques heures.

La force de l'eau

Le Grand Canyon, aux États-Unis, s'est façonné durant des millions d'années à mesure que le fleuve Colorado érodait la roche.

Sous terre

Sous terre, la pluie infiltrée dissout les roches tendres, comme le calcaire, ce qui crée les grottes.

L'érosion des côtes

Les assauts puissants et répétés des vagues modèlent les côtes bordant les océans.

Une **baie** est le résultat du lent grignotage des vagues sur des roches tendres.

Un **promontoire** est une arête de roche dure qui a résisté à l'érosion.

Une **arche** se forme quand les vagues creusent un trou dans un promontoire.

Une **aiguille** apparaît quand la voûte d'une arche s'effondre.

Le travail des glaciers

Un glacier est une immense rivière de glace qui coule lentement du sommet enneigé des montagnes. Les morceaux de roche qu'il entraîne frottent le sol et l'usent comme du papier de verre. Peu à peu, une vallée en U apparaît.

Quel est le volcan terrestre le plus actif ?

D'autres îles

Il existe sous la mer des volcans cachés. Quand ils entrent en éruption, il arrive que de nouvelles îles émergent. Ainsi Surtsey, en Islande, jaillit de l'eau en 1963.

Avant l'inondation

Après l'inondation

Torrent de boue

Lors de fortes pluies, certains cours d'eau débordent et provoquent des inondations qui détruisent et transforment les paysages.

Mer de sable

Dans le désert, le vent amoncelle le sable en dunes. Certaines s'étendent sur des centaines de kilomètres comme une véritable mer.

Arche de vent

Balayé par le vent, le sable vient frapper les reliefs, sculptant d'étranges formes.

Le mont Kilauea, dans l'archipel de Hawaii.

Le sol

Le sol est la fine couche extérieure de la croûte terrestre. Il est composé de minéraux, d'air, d'eau et de débris végétaux ou animaux en décomposition.

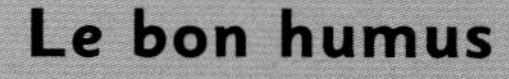

Le bon humus

L'humus, de couleur brune, est de la matière organique (débris d'animaux et de végétaux en décomposition). Il est riche en éléments nutritifs nécessaires à la croissance des plantes.

Humus
Couche arable
Sous-sol
Fragments de roche érodée
Roche-mère

Les couches

Le sol est constitué de plusieurs couches qui se sont formées au fil des siècles. Les racines des végétaux poussent dans la couche arable (la terre), la plus riche en éléments nutritifs. Plus on descend, plus les couches sont pierreuses, la dernière étant la roche-mère.

La vie souterraine

Le sol abrite des milliers d'animaux, parmi lesquels les limaces, les fourmis et les araignées. Les gros animaux, comme la taupe, mélangent l'humus et les minéraux quand ils fouillent le sol.

Comment s'appelle un spécialiste du sol ?

Les types de sol

Selon la taille des particules qui le composent, le sol est dit :

Sablonneux Les particules font environ 2 mm de diamètre.

Argileux Les particules, de petite taille, sont imbibées d'eau.

Limoneux C'est un mélange de particules de tailles diverses.

L'érosion des sols

Une terre trop cultivée perd son humus, lequel retient l'humidité. Fragilisée, elle s'use peu à peu avec le vent et la pluie, et de moins en moins de végétaux parviennent à y pousser.

Quand on laboure, on brise les mottes de terre. Les cultures poussent alors mieux.

Vers multitâches

En creusant le sol, le lombric joue un rôle vital, car ses galeries aèrent la terre et facilitent la circulation de l'eau. De plus, il entraîne avec lui les restes des animaux et des végétaux morts, ce qui améliore leur décomposition et facilite la libération des éléments nutritifs. Ses déchets favorisent aussi la fertilisation du sol. Qui dit mieux ?

Preuve en main

Remplis de terre la moitié d'un bocal. Ajoute de l'eau, ferme et secoue. Laisse reposer un jour. Tu obtiens plusieurs couches de terre.

Un pédologue.

Les ressources du sol

Le sol de notre planète stocke des richesses naturelles, comme l'eau, le pétrole, le gaz ou les minerais. Ces ressources étant vitales ou indispensables à notre mode de vie, nous ne cessons de chercher de nouveaux gisements pour en extraire toujours plus. Jusqu'à quand ?

Surface de la mer

Plate-forme

On creuse des puits profonds pour atteindre les gisements de pétrole et de gaz.

À la recherche des combustibles

Les gisements de pétrole et de gaz sont souvent découverts dans de profondes poches souterraines, parfois situées sous les fonds marins. Le charbon, lui, s'accumule en surface, dans des gisements appelés filons.

L'extraction

Les plates-formes pétrolières permettent de creuser le fond des mers pour en extraire du pétrole liquide.

L'eau chaude naturelle

Près d'un volcan, l'eau souterraine est souvent chaude. C'est le cas en Islande, où elle sert à chauffer les habitations et à produire de la vapeur, qui fait marcher des générateurs d'électricité.

Quelle ressource souterraine sert à fabriquer le plastique ?

Le gaz

Le gaz n'existe pas partout. Pour fournir les régions qui en ont besoin, on utilise des pipelines ou, s'il est liquide, des bateaux spéciaux.

Le verre

En faisant fondre du sable, de la soude et de la chaux, on obtient un mélange minéral rouge et brûlant, le verre. Soufflé ou mis en forme au moyen de machines, il durcit et devient transparent en refroidissant.

Bouteilles façonnées à partir de verre fondu

Les métaux

Un métal est en général extrait d'un minerai, une roche qui contient des minéraux. Il faut des machines puissantes pour percer le minerai et sortir le métal de son gisement.

L'usage des métaux

Ces quatre métaux courants ont des usages très différents.

L'**aluminium** est un métal tendre, utilisé pour fabriquer des canettes, des avions et des voitures.

L'**or**, rare et attirant, toujours brillant, sert en joaillerie.

Le **fer** est résistant ; il permet de faire de l'acier (bateaux, pylônes).

Le **cuivre** est un bon conducteur ; on en fait des fils électriques.

C'est du béton !

Mélange de sable, de gravier, de ciment et d'eau, le béton est l'un des principaux matériaux de construction. Associé à l'acier, il donne le béton armé.

Le pétrole.

Eau douce, eau salée

La Terre est appelée la planète bleue parce que 75 % de sa surface est recouverte d'eau. Il s'agit essentiellement d'eau salée ; à peine 3 % de l'eau présente sur le globe est douce.

Réserves d'eau douce

Il existe de multiples «réserves» d'eau douce à la surface de la Terre. En voici trois.

Les **cours d'eau** dévalent les montagnes et se jettent dans la mer.

Les **lacs**, des bassins naturels, recueillent l'eau.

Les **réservoirs** sont des lacs artificiels construits pour constituer des réserves d'eau.

L'hydrosphère

L'hydrosphère est le nom donné à l'ensemble des eaux de la planète, qu'elles soient douces ou salées, liquides ou solides (glaciers, iceberg), souterraines (rivières) ou bien encore gazeuses (nuages de l'atmosphère).

Piège de glace

Moins d'un tiers de l'eau douce présente sur Terre est disponible, la majeure partie étant gelée aux pôles Nord et Sud dans les calottes glaciaires arctique et antarctique, les glaciers et les icebergs (ci-dessous).

Essentielle à la vie

Tous les organismes vivants ont besoin d'eau pour vivre. Chez les mammifères, chez l'homme par exemple, elle est présente dans le sang et dans les organes (peau, cerveau, etc.). Toutes les cellules du corps, sans exception, sont composées d'eau.

Quelle est en pourcentage la quantité d'eau présente dans le corps humain ?

Pourquoi la mer est-elle salée?

Depuis des millions d'années, les pluies, les glaciers et les cours d'eau érodent les roches chargées de substances salées. Les débris de roche salée sont entraînés via les cours d'eau jusque dans les mers, où ils se dissolvent. Certaines mers sont plus salées que d'autres; l'eau douce contient aussi du sel, mais en si petites quantités qu'on ne le sent pas.

La mer Morte est tellement salée qu'on flotte naturellement.

Preuve en main

Dépose un œuf dans un verre rempli d'eau. Il coule. Verse alors du sel. Que se passe-t-il? Il remonte ou flotte, car l'eau salée est plus dense que l'eau douce.

Survivre en eau salée

Les animaux marins se sont adaptés à leur milieu. Le poisson boit très peu, il absorbe l'eau par ses branchies. En eau salée, les branchies du poisson rejettent le trop-plein de sel.

La vie dans les estuaires

Un estuaire est la zone de rencontre entre un cours d'eau et la mer. À marée haute, l'eau salée envahit l'estuaire; à marée basse, l'estuaire contient surtout l'eau douce du cours d'eau qui s'y jette. Dans les régions tropicales, les estuaires abritent des mangroves, où poussent les palétuviers comme sur cette photo.

Le corps humain est composé à 66 % d'eau.

Le cycle de l'eau

L'eau ne cesse de voyager en boucle entre les mers, l'atmosphère, la terre et les cours d'eau de notre planète. C'est le cycle de l'eau.

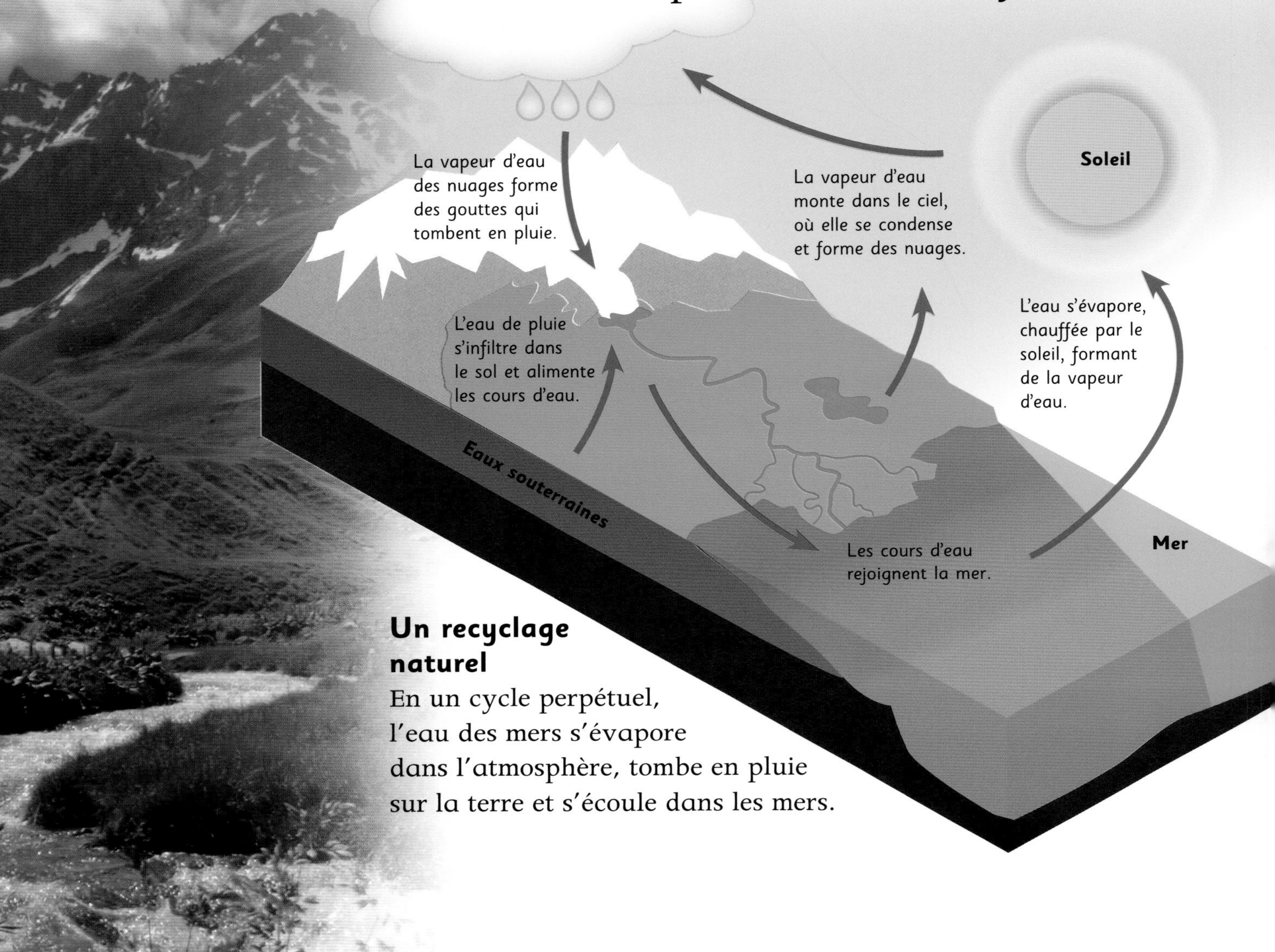

Un recyclage naturel

En un cycle perpétuel, l'eau des mers s'évapore dans l'atmosphère, tombe en pluie sur la terre et s'écoule dans les mers.

Rencontre au sommet

L'air marin est chargé de vapeur d'eau. Quand il rencontre une montagne, il s'élève le long du versant, dit exposé, se refroidit et forme des nuages de pluie. Sur l'autre versant de la montagne, le versant abrité, il ne pleut pas.

Comment appelle-t-on l'électricité produite par le courant de l'eau ?

Eaux souterraines

Au cours du cycle de l'eau, une certaine quantité s'infiltre sous terre, dans des roches poreuses ou dans des grottes, où elle forme des bassins. Une fois pompée, cette eau est bue ou sert à irriguer les cultures.

L'eau potable

L'eau douce des réservoirs circule dans des tuyaux (les canalisations) jusqu'aux habitations. En sortant du robinet, l'eau termine un long voyage !

Les zones humides

Quand l'eau douce ne parvient pas à s'infiltrer dans le sol ni à se jeter dans un cours d'eau, des zones humides apparaissent. Elles abritent de nombreux animaux et végétaux adaptés à ces milieux.

La sécheresse

Quand il ne pleut presque pas, la sécheresse est là. Celle des déserts est bien connue, mais n'importe quelle région peut souffrir d'un manque d'eau.

Économiser l'eau

L'eau douce est précieuse. Pour préserver nos réserves en eau potable, nous devons en consommer moins. Voici quelques petits gestes à adopter tout de suite.

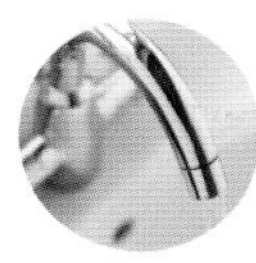

Ne pas laisser couler l'eau quand on se brosse les dents.

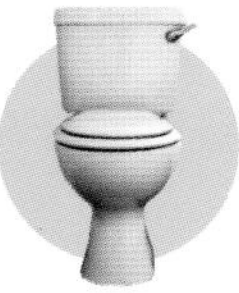

Installer une **chasse d'eau à deux vitesses** dans les toilettes.

Ne pas mettre en marche un **lave-vaisselle** à moitié rempli.

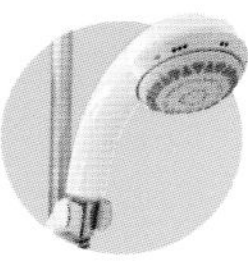

Préférer la **douche** au bain.

L'atmosphère

La Terre est entourée par une fine couche d'air, l'atmosphère. Sans cette couverture protectrice de gaz, la vie ne pourrait pas exister.

Particules en suspension
L'atmosphère, principalement composée de gaz, contient aussi de minuscules particules de poussière, de pollen et d'eau. Quand le Soleil brille, elles tremblent dans la brume qui se lève parfois en forêt.

La composition de l'air

L'air est un mélange de différents gaz, dont l'azote, l'oxygène et le dioxyde de carbone. Sans oxygène, les animaux et les végétaux ne pourraient pas respirer. Sans le dioxyde de carbone qu'ils absorbent lors de la respiration, les végétaux ne pourraient pas fabriquer la nourriture indispensable à leur croissance.

L'effet de serre

Sans atmosphère, les rayons du Soleil rebondiraient sur notre planète et disparaîtraient dans l'espace. Telle une serre, l'atmosphère les piège, procurant la chaleur nécessaire à la vie sur Terre.

De l'espace, l'atmosphère entoure la Terre d'un voile bleu.

Une couche protectrice

L'ozone est un gaz de l'atmosphère qui protège la Terre des rayons nocifs du Soleil. Au-dessus de l'Antarctique, la couche d'[illegible] plus mince [illegible] ailleurs [illegible] Terre. [illegible] trou » dans la [illegible]he d'ozone est provoqué par [illegible] pollution chimique.

À quelle distance de la Terre l'espace débute-t-il vraiment ?

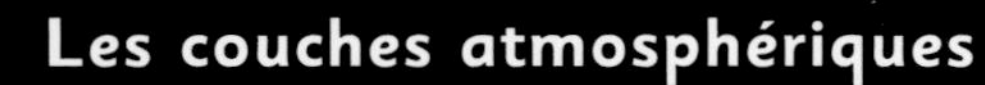

Dans l'air raréfié

Comme toute chose, l'air est attiré vers le sol par la pesanteur. C'est pourquoi il est plus épais au niveau de la mer. En altitude, il se raréfie : les alpinistes de haute montagne emportent des bouteilles d'oxygène pour respirer.

Les couches atmosphériques

L'atmosphère est divisée en couches. Les nuages se forment et les avions volent dans la plus basse, la troposphère ; au-dessus, l'atmosphère devient de plus en plus fine et se fond dans l'espace.

Effets de lumière

En traversant l'atmosphère, les rayons du soleil créent des phénomènes optiques parfois spectaculaires.

L'**arc-en-ciel** naît quand les gouttes de pluie refléchissent la lumière et la décomposent en sept couleurs.

Le **ciel** est bleu, car les molécules d'air diffusent mieux les ondes courtes de la lumière, à savoir le bleu.

Si, au **lever** et au **coucher du soleil**, l'air est chargé de fines particules de poussière et d'eau, le ciel s'embrase.

À la surface de la mer

L'atmosphère, toujours en mouvement, crée les vents. En soufflant sur les mers et les océans, ceux-ci produisent des courants de surface qui transportent la chaleur autour de la planète.

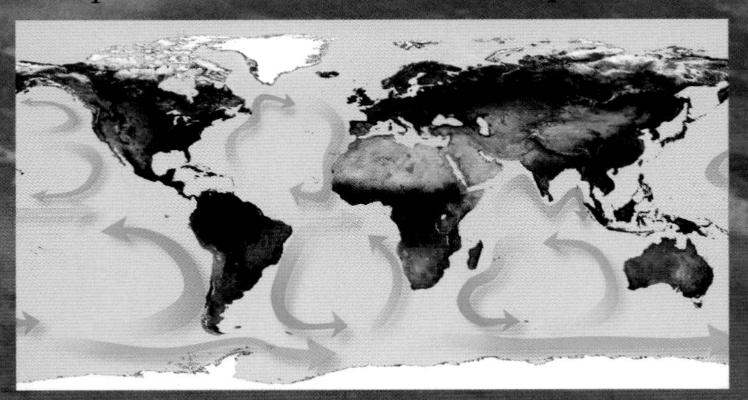

La météo

Fait-il beau ? Pleut-il ? Neige-t-il ? Le temps qu'il fait nous concerne tous, car il influence, entre autres choses, nos activités d'extérieur et nos choix vestimentaires.

La force du vent fait s'élever le cerf-volant dans l'air.

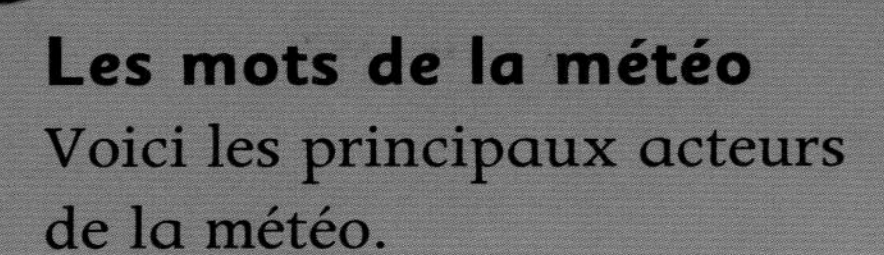

Les mots de la météo

Voici les principaux acteurs de la météo.

Le **soleil** apporte chaleur et luminosité. Il réchauffe l'air et sèche les sols.

Les **nuages** sont chargés de gouttelettes d'eau. S'ils sont sombres, la pluie menace.

La **grêle** des nuages d'orage s'abat sous la forme de billes de glace, les grêlons.

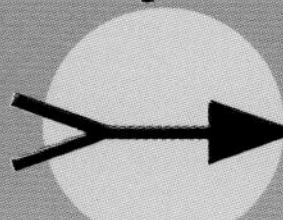

Le **vent**, légère brise ou forte rafale, est un déplacement d'air.

La **pluie** est formée de gouttes d'eau qui tombent des nuages. Elle est bénéfique à la vie végétale.

La **neige** est de la pluie qui tombe en cristaux de glace quand il fait très froid.

Prévoir le temps

Pour prévoir le temps, les météorologues analysent, à l'aide d'ordinateurs puissants, les images transmises par les satellites en orbite autour de la Terre.

Jours de pluie

Les nuages se forment quand l'air chaud et humide s'élève, se refroidit et se condense sous forme de gouttelettes. Si celles-ci se rassemblent en gouttes plus grosses et plus lourdes, il pleut. Un nuage de pluie est souvent sombre, car la lumière du soleil ne parvient pas à le traverser.

Qui est le plus grand ? L'ouragan ou la tornade ?

Les feux de forêt

S'il fait chaud et sec pendant de longues périodes, les végétaux se dessèchent et peuvent prendre vite feu si la foudre s'abat sur eux. Des forêts entières sont ainsi parties en flammes.

L'orage

Dans un nuage d'orage, les cristaux de glace se frottent les uns contre les autres, ce qui génère de l'électricité. La foudre est due au trop-plein d'énergie électrique, qui se libère si vite en chaleur et en énergie lumineuse (l'éclair) que l'air explose et le tonnerre gronde.

Parfois, comme ici, la foudre touche le sol.

La ronde des vents

Le vent est un déplacement d'air entre l'air chaud qui monte et l'air froid qui descend.

Les tornades

De puissants courants d'air traversent les nuages d'orage. Ils peuvent se mettre à tourner et engendrer, à leur base, un entonnoir d'air, ou tornade. Cet aspirateur géant avale tout sur son passage.

Incroyable !

Certains grêlons sont énormes – large de 40 cm et pesant environ 1 kg. Heureusement, ils sont extrêmement rares !

L'ouragan, il est des milliers de fois plus grand qu'une tornade.

La crise de l'énergie

L'énergie nous est indispensable. Elle sert, par exemple, à faire démarrer les voitures et à chauffer les maisons. Cette énergie provient pour l'essentiel de la combustion du charbon, du pétrole et du gaz (appelés combustibles fossiles). Or leurs gisements s'épuisent, et les fumées rejetées lors de leur combustion sont nocives pour l'environnement.

Le réchauffement climatique

En brûlant, les combustibles fossiles libèrent dans l'atmosphère des gaz à effet de serre, qui absorbent la chaleur du soleil. Si notre planète devient trop chaude, les calottes glaciaires vont fondre, faisant élever le niveau de la mer, et les déserts s'étendre.

La chaleur émise par le soleil traverse l'atmosphère terrestre.

Une partie de la chaleur est absorbée par les gaz à effet de serre, le restant s'échappe dans l'espace.

Une centrale nucléaire génère de l'énergie par fission (en cassant) des atomes d'uranium.

Autres énergies

D'autres sources d'énergie existent, comme l'énergie nucléaire. Mais l'avenir est peut-être du côté des énergies dites renouvelables, car elles ne s'épuisent jamais, comme celle du vent, du soleil ou des vagues.

Le vent est une source d'énergie non polluante et inépuisable. Toutefois, une éolienne prend de la place et son installation est onéreuse.

Qu'est-ce qu'un combustible fossile ?

Les voitures propres

Une voiture ordinaire consomme beaucoup d'essence et émet des fumées nocives. Les constructeurs automobiles recherchent des « carburants » de remplacement, comme l'électricité, qui n'émet pas de fumées, ou l'hydrogène, qui rejette de la vapeur d'eau.

Il suffit de brancher la voiture électrique pour la recharger.

Des besoins croissants

Avec l'accroissement de la population mondiale, les besoins en énergie augmentent. Pourtant, il faudrait les réduire afin de limiter le réchauffement climatique.

Les maisons « vertes »

Cette maison, dotée de panneaux solaires et d'éoliennes, fabrique sa propre électricité sans polluer. Les murs épais l'isolent du froid, ce qui permet de consommer moins d'énergie encore.

Il est ingénieux d'utiliser des matériaux de construction recyclés, car la production des matériaux modernes consomme beaucoup d'énergie.

Des petits gestes

Tous ces petits gestes écologiques mis bout à bout permettent de réduire la consommation d'énergie et le réchauffement climatique.

Faire pousser ses propres fruits et légumes, même en pots.

Pour les vacances, préférer le train, le bateau, voire la voiture, plutôt que l'avion, très gourmand en énergie.

Acheter des **vêtements d'occasion** ou faire des échanges entre amis.

Consommer des **aliments locaux**, car il faut de l'énergie pour en faire venir de loin.

Réutiliser ou recycler le plastique, le verre, le métal et le papier.

Faire ses courses avec un panier. La fabrication des sacs en plastique est énergivore !

Ne pas laisser la télévision en veille, car cela consomme de l'énergie.

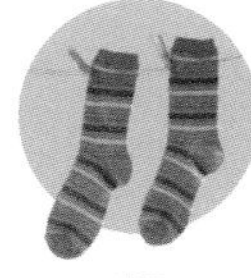

Faire **sécher le linge** à l'air libre plutôt qu'au sèche-linge.

Décider avec ses parents d'**isoler la maison** pour empêcher les pertes de chaleur.

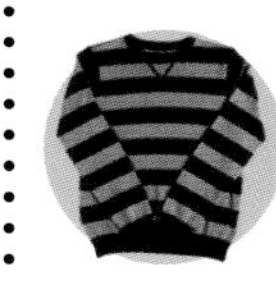

Enfiler un **pull supplémentaire** plutôt que monter le chauffage.

Les restes fossilisés d'animaux et de végétaux morts il y a des millions d'années.

Glossaire

Attraction Force selon laquelle les objets s'attirent les uns les autres. Les pôles opposés de deux aimants s'attirent.

Bactérie Organisme unicellulaire présent partout, même dans le corps humain. Certaines bactéries sont pathogènes, d'autres sont utiles.

Calcaire Roche sédimentaire issue de l'accumulation des squelettes et des coquilles d'animaux marins sur des millions d'années.

Carnivore Animal qui se nourrit d'autres animaux. Le lion, le loup, le requin et le crocodile sont des carnivores.

Charognard Animal qui se nourrit de charogne, comme le vautour et la hyène.

Charogne Cadavre d'animal, dévoré par les charognards.

Chlorophylle Pigment des végétaux qui leur donne une couleur verte.

Circuit En électricité, boucle fermée traversée par un courant électrique.

Combustible fossile Combustible, tel que le pétrole, le charbon et le gaz, formé il y a des millions d'années à partir des animaux et des végétaux en décomposition.

Composé Union d'un ou de plusieurs éléments chimiques lors d'une réaction chimique.

Condensation Processus par lequel un gaz devient liquide.

Continent Vaste étendue de terre émergée. Il existe sept continents, dont l'Asie.

Électroaimant Aimant puissant créé par un courant électrique parcourant une bobine de fil électrique.

Endorphines Substances chimiques qui soulagent la douleur et font se sentir bien.

Espèce Type particulier de végétal ou d'animal, comme un lion ou un tournesol.

Fécondation Chez les végétaux et les animaux, union d'une cellule sexuelle mâle (spermatozoïde) et d'une cellule sexuelle femelle (ovule) en vue de se reproduire.

Force Action ou énergie qui entraîne le déplacement d'un objet.

Gène Microscopique instruction chimique, issue des parents, indiquant au corps comment se construire.

Glucides Fournisseurs d'énergie, comme le sucre et l'amidon. Avec les protides et les lipides, ils forment l'un des groupes alimentaires.

Habitat Milieu naturel, comme un désert ou une mare, abritant un végétal ou un animal en particulier.

Herbivore Animal qui se nourrit de végétaux. La vache, le koala et l'éléphant sont des herbivores.

Inertie Résistance qu'oppose un objet à tout changement de son état.

Invertébré Animal dépourvu de colonne vertébrale.

Matière organique Restes de végétaux et d'animaux morts qui constituent une réserve de nutriments dans les sols.

Mélange Association de deux ou plusieurs substances chimiques, sans réaction chimique.

Quel mot définit le monde naturel qui nous entoure ?

Mangrove Forêt tropicale dont le sol est immergé.

Migration Déplacement d'animaux d'un lieu à un autre afin de trouver de la nourriture ou de la chaleur.

Minerai Roche composée de minéraux chargés de métaux.

Nerf Sorte de «câble» qui, depuis le cerveau, transmet des messages à tout le corps et vice versa.

Nutriment Substance chimique contenue dans les aliments, vitale à un animal ou à un végétal.

Omnivore Animal qui se nourrit à la fois d'animaux et de végétaux. Le cochon, l'ours et l'homme sont des omnivores.

Orbite Trajet effectué dans l'espace par un objet autour d'un corps céleste plus gros que lui.

Organe Élément du corps, comme le cœur, ayant une fonction précise.

Organisme Être vivant, végétal ou animal, dont les différents éléments s'organisent ensemble.

Parasite Organisme vivant dans ou sur d'autres organismes, aux dépens de ces derniers.

Particule En chimie, plus petits éléments d'une matière, comme l'atome ou l'électron.

Pathogène Responsable de maladie.

Période de gestation Temps qu'un petit passe dans le ventre maternel.

Phytoplancton Ensemble de végétaux microscopiques vivant dans l'eau.

Plancton Ensemble de phytoplancton et de zooplancton.

Pollinisateur Animal qui assure la pollinisation.

Pollinisation Processus de transport du pollen en vue de la reproduction des plantes.

Réchauffement climatique Lente montée des températures moyennes dans le monde.

Répulsion Force selon laquelle les objets se repoussent les uns les autres. Les pôles identiques de deux aimants se repoussent.

Rumination Mode de digestion propre aux ruminants (la vache), qui régurgitent les aliments et les mâchent à nouveau.

Satellite Objet naturel ou artificiel en orbite autour d'un autre objet. La Lune est le satellite naturel de la Terre. Des satellites artificiels sont en orbite autour de la Terre.

Spore Cellule particulière des champignons et des algues faisant office de graine. Un nouvel organisme se développe à partir d'une spore.

Transpiration Élimination de la sueur par les pores de la peau d'un animal, ou évaporation de l'eau par les stomates d'un végétal.

Vertébré Animal pourvu de colonne vertébrale.

Vertèbres Petits os constituant la colonne vertébrale.

Zooplancton Ensemble d'animaux microscopiques vivant dans l'eau.

L'environnement (ou le milieu).

Index

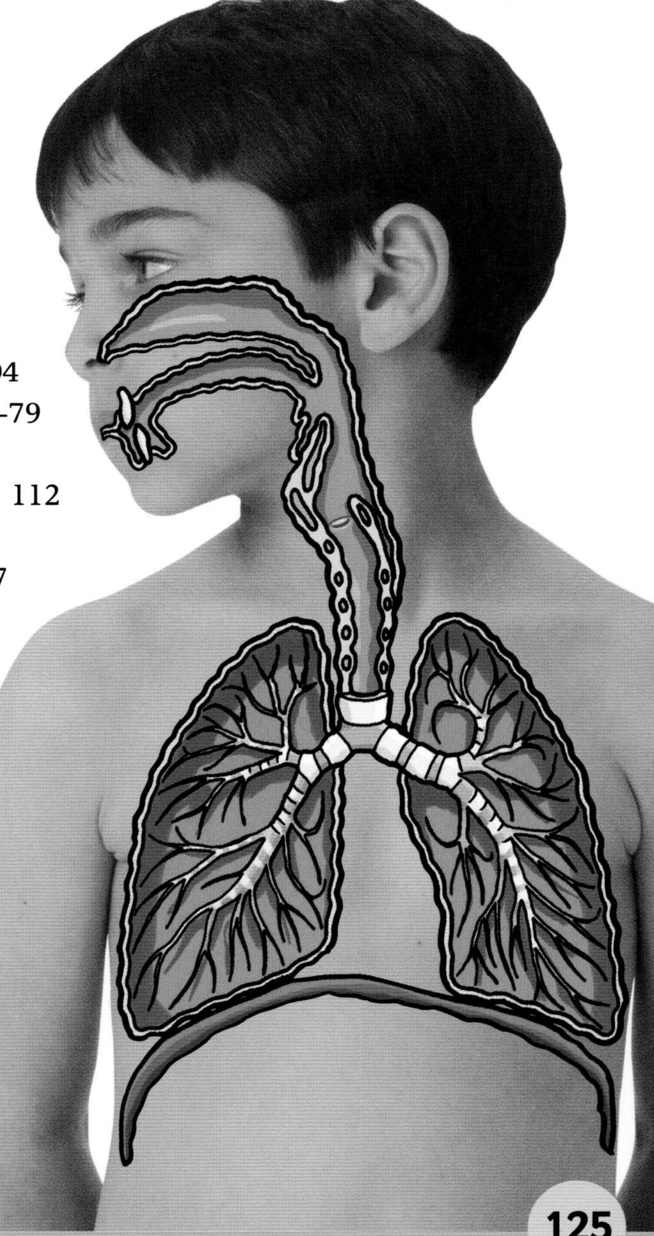

Molécule

Crédits et remerciements

L'éditeur souhaite remercier les personnes physiques et morales l'ayant aimablement autorisé à reproduire leurs photographies ou illustrations.

Abréviations
b = bas; c = centre; d = droite; g = gauche; h = haut; p = premier plan

Alamy Images: Arco Images 113pd; Blickwinkel 13cdh, 47cg; Andrew Butterton 121bg; Scott Camazine 27cd, 95abd, 118cb; Nigel Cattlin 23cgh; croftsphoto 111pd; eye35.com 83bg; Clynt Garnham 74bg; Axel Hess 72bg; Marc Hill 107pd; D. Hurst 27bd; image state/alamy 21d; Images of Africa Photobank 31pg; ImageState 110bg; David Keith Jones 109pd; K-Photos 15cd; Paul Andrew Lawrence 119pg; Oleksiy Maksymenko 55pd; mediablitzimages (R. U.) Limited 70cd; Natural History Museum, Londres 17bd; Ron Niebrugge 116pd; Edward Parker 114bd; Andrew Paterson 68bd; Pegaz 81bg; Phototake Inc 111c; RubberBall Productions 36d; Friedrich Saurer 27pg; SCPhotos/Dallas et John Heaton 47bg; Andy Selinger 43bc; Stockfolio 9bg, 59bd; Adam van Bunnens 74bc; Visual & Written SL 106bd; WoodyStock 106-107bd; **Ardea**: Valerie Taylor 43cd; **Corbis**: Stefano Bianchetti 6cgh; Car Culture 121ch; Lloyd Cluff 95cdh, 102-103; Ecoscene 107pc; EPA 117pg; Martin Harvey 30-31b; Xiaoyang Liu 79cd; Michael Boys 108g; Charles E. Rotkin 110cg; Paul J. Sutton 13c; Pierre Vauthey 107pg; **DK Images**: Alamy/Index Stock/Terry Why 73cdh, 84c; Avec l'aimable autorisation du Imperial War Museum, Londres 953719 9pg; Colin Keates 50bd; Colin Keates (c) Dorling Kindersley, avec l'aimable autorisation du Natural History Museum, Londres 51cd, 105bd; Dave King/avec l'aimable autorisation du Science Museum, Londres 56c, 56cg, 56cd; Richard Leeney 109cd; NASA 5d, 52cd, 53bg, 88d, 95pd, 99bc, 99bg, 99cd, 100pd; Rough Guides/Alex Robinson 44cb; Harry Taylor/avec l'aimable autorisation du Natural History Museum, London 56pg; M I Walker 16-17; Greg Ward (c) Rough Guides 71cg; Barrie Watts 25bd, 51cg; Paul Wilkinson 9c; Jerry Young 44bc; **FLPA**: Mike Amphlett 24bd; Dickie Duckett 39c; Frans Lanting 46ch, 87bd; D. P. Wilson 43cdb; Martin B. Withers 47d; Konrad Wothe 85bd; **Getty Images**: 64470-001 111pg; AFP 74pd; Philippe Bourseiller 106pg; Bridgeman Art Library 6pc; James Burke 103pd; Laurie Campbell 47cgb; Demetrio Carrasco 115pg; Georgette Douwma 14bg; Tim Flach 37pg; Jeff Foott 104-105c; Raymond Gehman 113bg; GK & Vicky Hart 91p; Thomas Mangelsen 47pg; Manzo Niikura 41pg; Joel Sartore 69c; Marco Simoni 106cg; Erik Simonsen 13pd; Philip & Karen Smith 102bg; Tyler Stableford 73cdb, 89pd; Heinrich van den Berg 29ch; Frank Whitney 83d; Art Wolfe 31bd; Keith Wood 110-111c; **iStockphoto.com**: Rosica Daskalova 94bg; esemelwe 74cgb; Mark Evans 53cd, 61pg; Filonmar 61bd; Sergey Galushko 76cd; kcline 56bg; kiankhoon 74-75c; Jason Lugo 65; Michaelangeloboy 57g; Vladimir Mucibabic 67bd; Nikada 53bd, 71bd; nspimages 82bd; Jurga R 74cgh; Jan Rysavy 52b; Stephen Strathdee 21pd; Sylvanworks 69cg; Avec l'aimable autorisation du Lockheed Martin Aeronautics Company, **Palmdale**: 80bg, 85pd; **NASA**: 87bg, 96bg, 97pg, 101cg; GSFC 94bd, 96c; JPL 94bc, 95cg, 95pc, 96pd, 97bg, 100c; JPL–Caltech/S. Stolovy/Spitzer Space Telescope 95bg; MSFC 94pd; Skylab 98g; **NHPA/Photoshot**: Stephen Dalton 90bd; **Photolibrary**: 115c; BananaStock 62bg; Brand X 33cgh; Corbis 33pd; Paul Kay/OSF 20pd; Photodisc 56bc, 119bg; Harold Taylor 43bd; **PunchStock**: Digital Vision 31p; **Science Photo Library**: 18cd, 80bd, 80-81, 116-117c; Samuel Ashfield 16c; BSIP, Chassenet 83pc, 83pg; Dr Jeremy Burgess 11pg; John Durham 19pd; Bernhard Edmaier 103pg; Vaughan Fleming 95cd, 105bg; Simon Fraser 79cg; Mark Garlick 96-97ch, 97pd; Gordon Garradd 96bc; Adam Gault 17cg; Steve Gschmeissner 22pd; Health Protection Agency 81bd; Gary Hincks 116bg; Edward Kinsman 69bd; Ted Kinsman 7bg; Mehau Kulyk 32cd; G Brad Lewis 55bd; Dr Kari Lounatmaa 49cd; David Mack 16bg; Chris Madeley 78cd; Dr P Marazzi 38pg; Andrew J Martinez 100bc, 100bd; Tony McConnell 73cd, 86cd; Astrid & Hanns-Frieder Michler 14c; Mark Miller 17fcg, 17pc, 17pg; Cordelia Molloy 78bg; NASA 95bd, 117c; National Cancer Institute 36l; NREL/US Department of Energy 54bd; Philippe Psaila 9bc; Rosenfeld Images Ltd 67pg; Francoise Sauze 82bg; Karsten Schneider 116bd; Science Source 19pg; SPL 38bg; Andrew Syred 32c; Sheila Terry 109cg; US Geological Survey 8bd; Geoff Williams 75cd; Dr Mark J Winter 53cdh, 59cd; **Shutterstock**: 2happy 64bd; Adisa 121c; Alfgar 79bd; alle 24cb, 28pg; Andresi 7cd; Apollofoto 115bg; Matt Apps 106cgb; Andrey Armyagov 9cdh, 58bg; Orkhan Aslanov 13pg; Lara Barrett 26bg; Diego Barucco 101pd; Giovanni Benintende 5t, 96-97c; Claudio Bertoloni 7bd, 81pd; Mircea Bezergheanu 118-119pg; Murat Boylu 58cb, 64cdb; T Bradford 66pd; Melissa Brandes 104c; Karel Brož 14bd; Buquet 37cg; Vladyslav Byelov 66bg; Michael Byrne 12b; Cheryl Casey 32cb; William Casey 4cd; cbpix 113c; Andraž Cerar 63cg; Bonita R Cheshier 60pd; Stephen Coburn 112-113cb; dani 92026 1; digitalife 4-5, 25cgh, 122-123; Pichugin Dmitry 4bg, 26-27cb, 54cgb, 107cd, 112-113ch; Denis Dryashkin 19cd; Neo Edmund 29cdb; Alan Egginton 86c; Stasys Eidiejus 88pg; ELEN 56-57; Christopher Ewing 9cd; ExaMedia Photography 120pd; Martin Fischer 119cdh; Flashon Studio 68bg; martiin fluidworkshop 82pg; Mark Gabrenya 2-3b, 22-23cb; Joe Gough 48g; Gravicapa 67pd; Julien Grondin 5c; Adam Gryko 48d, 49g; Péter Gudella 83cgb; Bartosz Hadynlak 75cg; Jubal Harshaw 22bd; Rose Hayes 47pc; Johann Hayman 42pd; Hannah Mariah/Barbara Helgason 71pc; Home Studio 60br, 61bg, 127b; Chris Howey 86, 120pg; Sebastian Kaulitzki 8cd, 38c, 38cb, 39bg; Éric Isselée 28bd; Tomo Jesenicnik 64cgb; Jhaz Photography 73bg; Ng Soo Jiun 21bg; Gail Johnson 43pd; Kameel4u 77cb; Nancy Kennedy 27pd; Stephan Kerkhofs 44c; Tan Kian Khoon 37bg; Kmitu 40bg; Dmitry Kosterev 101cd; Tamara Kulikova 62cb, 100bg, 119bc; Liga Lauzuma 42-43; Le Loft 1911 67bg; Chris LeBoutillier 73bd, 92td; Francisco Amaral Leitão 111bd; Larisa Lofitskaya 25cd; luchschen 8bg; Robyn Mackenzie 69pg; Blazej Maksym 9pc; Hougaard Malan 22-23 (arrière-plan); Rob Marmion 33bd; Patricia Marroquin 5cgb; mashe 14cd; Marek Mnich 69pc; Juriah Mosin 41pc; Brett Mulcahy 73pg; Ted Nad 76pd; Karl Naundorf 72cd; Cees Nooij 60bg; Thomas Nord 13bd; Aron Ingi Ólason 44bd; oorka 120cd; Orientaly 81pg; Orla 15pd; pandapaw 28cg; Anita Patterson Peppers 73pd, 82pd; Losevsky Pavel 80p; pcross 82cb; PhotoCreate 11cg; Jelena Popic 53pd, 55pg; Glenda M. Powers 30pd; Lee Prince 77cd; Nikita Rogul 54bg; rpixs 92-93c; Sandra Rugina 115cdb; sahua d 88bg; Izaokas Sapiro 78bd; Kirill Savellev 106bg; Elena Schweitzer 12c; Serp 21cd, 71pd; Elisei Shafer 113bd; Kanwarjit Singh Boparai7 90bg; Igor Smichkov 114cg; Carolina K Smith, M. D 58cg; ultimathule 59pg; Snowleopard1 15bd; Elena Solodovnikova 21bd, 21cdh; steamroller_blues 63bd; James Steidl 8pg; teekaygee 26pg, 52-53, 87pg; Igor Terekhov 12cdh; Leah-Anne Thompson 39pg; Mr TopGear 86bg; Tramper 108cb; Triff 87pd; Robert Paul van Beets 8bc; Specta 29bg; vnlit 14pd; Li Wa 8c; Linda Webb 6cdh; R T Wohlstadter 117cd; Grzegorz Wolczyk 63cd; Feng Yu 86cdh; Jurgen Ziewe 6bd, 95cdb, 98-99, 112bd; **SuperStock**: age fotostock 10bg

1re de couverture: Shutterstock © Darren Whitt hg, Shutterstock © Paul Prescott cg, Shutterstock © ErickN c, Shutterstock © Tischenko Irina g, Shutterstock © George Toubalis d

Toutes les autres images sont la propriété de Dorling Kindersley

Un site internet exclusif

Comment accéder au site internet du livre

1 - SE CONNECTER

Tape l'adresse du site dans ton navigateur et ajoute-la dans tes favoris :
www.erpi.com/encyclopediedessciences
Tu retrouveras à cette adresse le site propre à cette encyclopédie.

2 - DÉCOUVRIR DES LIENS INTERNET CORRESPONDANT À CHAQUE CHAPITRE

Une sélection de liens Internet pour chaque chapitre
de ce livre et adaptés à ton âge t'est proposée.

3 - CHOISIR UN LIEN

Clique sur le lien qui t'intéresse et découvre des quiz, des vidéos, des jeux, des animations 3D, des bandes sonores, des visites virtuelles, des bases de données, des chronologies ou des reportages.

4 - TÉLÉCHARGER DES IMAGES

Une galerie de photos est accessible sur notre site pour ce livre.
Tu pourras y télécharger des images libres de droits pour un usage personnel et non commercial.

IMPORTANT

- Demande toujours la permission à un adulte avant de te connecter au réseau Internet.
- Ne donne jamais d'informations personnelles.
- Ne donne jamais rendez-vous à quelqu'un que tu as rencontré sur Internet.
- Si un site te demande de t'inscrire avec ton nom et ton adresse e-mail, demande d'abord la permission à un adulte.
- Ne réponds jamais aux messages d'un inconnu et parles-en à un adulte.

Les scientifiques utilisent des fioles dont le verre peut supporter des températures extrêmes.

NOTE AUX PARENTS : ERPI vérifie et met à jour régulièrement les liens sélectionnés; leur contenu peut cependant changer. ERPI ne peut être tenu pour responsable que du contenu de son propre site. Nous recommandons que les enfants utilisent Internet en présence d'un adulte, ne fréquentent pas les forums de clavardage et utilisent un ordinateur équipé d'un filtre pour éviter les sites non recommandables.